Klingelnberg-Palloid-Spiralkegelräder

Ihre Berechnung
ihre Herstellung und ihr Einbau

Von

Walter Krumme VDI

Wuppertal

Mit 139 Textbildern und 24 Berechnungstafeln

Berlin
Verlag von Julius Springer
1941

ISBN-13: 978-3-642-89997-3   e-ISBN-13: 978-3-642-91854-4
DOI: 10.1007/978-3-642-91854-4

Vorwort.

Spiralkegelräder, noch vor einigen Jahrzehnten nur vereinzelt anzutreffen, sind heute unentbehrliche Bauelemente der Technik.

Das dieser Kegelradart entgegengebrachte Interesse spiegelt sich sehr deutlich in den Wünschen um Unterrichtung wider, die Studierende und Praktiker laufend an das Entwicklungswerk[1] der hier besprochenen Verzahnung richten.

Bei der Ausarbeitung der vorliegenden Druckschrift bin ich von dem Inhalt dieser Wünsche ausgegangen, um ihren Stoff dem praktischen Bedürfnis anzupassen. Die Schrift soll nach der praktischen Seite hin über alles wesentliche unterrichten, ohne zu weit auf Dinge einzugehen, die nur für selten vorkommende Sonderfälle Bedeutung haben.

So kam es darauf an, daß das Wenige meines Tuns kein Zuviel und das Viel meiner Arbeit kein Zuwenig wurde. Die Erfahrung muß zeigen, ob ich die rechte Mitte gehalten habe.

Wuppertal, im März 1941.

Walter Krumme.

---

[1] W. Ferd. Klingelnberg Söhne, Werk Hückeswagen.

Inhaltsverzeichnis.

Inhaltsverzeichnis.   V

Bedeutung der benutzten Kurzzeichen.

Kurzzeichen für die geometrische Berechnung der Räder.

Kurzzeichen	Bedeutung	Kurzzeichen	Bedeutung
R_a	Spitzenentfernung	α_{sa}	Stirn-Eingriffswinkel außen
b	Zahnbreite	δ	Achsenwinkel
t_n	Normalteilung	δ_{n1}, δ_{n2}	normaler Kegelwinkel des
m_n	Normalmodul		Ritzels und des Tellerrades
t_s	Stirnteilung	δ_{p1}, δ_{p2}	korrigierte Kegelwinkel des
m_s	Stirnmodul		Ritzels und des Teller-
z_p	Zähnezahl des Planrades		rades
$/_1$	Index für das Ritzel	w_k	Winkelkorrektur
$/_2$	Index für das Tellerrad	do_1, do_2	Teilkreisdurchmesser außen
z_1, z_2	Zähnezahlen	dm_1	mittlerer Ritzeldurchmesser
R_i	Innenentfernung	h_{k1}, h_{k2}	Zahnkopfhöhe
ϱ	Normal-Teilkreishalbmesser	h_1, h_2, f	Tafelwerte für die Kopfkor-
g	Zwischenraum $R_i - \varrho$		rektur
β	Spiralwinkel	d_{ka1}, d_{ka2}	Kopfaußendurchmesser
α	Normaleingriffswinkel	d_{ki1}, d_{ki2}	Kopfinnendurchmesser
α_{si}	Stirn-Eingriffswinkel innen	i	Übersetzungsverhältnis

Kurzzeichen für die Einstellung der Wälzfräsmaschine.

Kurzzeichen	Bedeutung	Kurzzeichen	Bedeutung
γ	Steigungswinkel des Fräsers	nfa	Anfangsdrehzahl des
β_{Fk}	Fräskopfeinstellwinkel		Fräsers
λ	Planscheiben-Schwenk-	nfe	Enddrehzahl des Fräsers
	winkel	$nfst$	Steigerung der Fräserdreh-
M_d	Maschinendistanz		zahl

Allgemeine Kurzzeichen.

Kurzzeichen	Bedeutung	Kurzzeichen	Bedeutung
P_u	Umfangskraft	D	Raddurchmesser bei Schie-
P_a	Axialkraft		nenfahrzeugen
P_r	Radialkraft	h	Stunde
Q	Bodendruck durch Wagen-	μ	Reibungswert
	gewicht	c	Tafelwert für die Festig-
N	Leistung		keitsberechnung
M	Drehmoment	σ_b	Biegefestigkeit
PS	Pferdestärke	y_n	Zahnformfaktor
v	Geschwindigkeit	z_n	gedachte Zähnezahl für die
V	Zuggeschwindigkeit in		Lebensdauer-Berechnung
	km/h	k_{5000}	Tafelwert für die Lebens-
η	Wirkungsgrad		dauer-Berechnung
r_h	Reifenhalbmesser	φ	Umrechnungsfaktor für eine
			beliebige Lebensdauer

Berechnungstafeln.

1. Geschichtliche Entwicklung, Grundprinzip der Herstellung und kennzeichnende Merkmale.

a) Geschichtliches.

Palloid-Spiralkegelräder werden mit schneckenförmigen Fräsern verzahnt. Das Verzahnen von Stirnrädern mit Schneckenfräser ist schon lange bekannt. Diese Arbeitsweise wurde im Jahre 1856 von Christian Schiele erfunden, konnte aber erst 1887 auf Grund des Grantschen Patentes verwirklicht werden. Seine Ergänzung fand das Verfahren, das ursprünglich nur für Geradzahnräder bestimmt war, durch die 1897 angemeldete Erfindung von Hermann Pfauter für eine Universal-Räderfräsmaschine für Stirn-, Schnecken- und Schraubenräder mit Differentialgetriebe.

Die Erfolge, die man mit dem schneckenförmigen Werkzeug bei der Herstellung von Stirnrädern erzielte, — gehört dieses Verfahren doch zu den bekanntesten Verzahnungsverfahren überhaupt, — haben die Erfinder schon früh angeregt, ein ähnliches Verfahren auch für Kegelräder zu entwickeln. Hier stellten sich aber zunächst unüberwindlich erscheinende Schwierigkeiten entgegen. Die ersten Erfindungen blieben alle in theoretischen Überlegungen stecken, zwar wurde auf der Automobil-Ausstellung in Paris 1905 auch schon ein Verfahren zum Verzahnen von Kegelrädern mittels eines schneckenförmigen Fräsers praktisch vorgeführt, und zwar von M. Chambon, Lyon, aber auch dieses Verfahren hat keine praktische Bedeutung erlangt.

Die mehrmals vergeblich aufgegriffene Aufgabe, ein Verfahren zum Verzahnen von Kegelrädern mittels Schneckenfräser zu entwickeln, wurde dann in überraschend einfacher Weise gelöst von den deutschen Ingenieuren Schicht und Preis. Die von ihnen gefundene Lösung ist in dem deutschen Patent 449 921 vom 28. 12. 1921 niedergelegt und betrifft die Herstellung von Spiralkegelrädern.

Während in den älteren Verfahren die verwickeltsten Bewegungen für den Schneckenfräser vorgesehen waren, besteht der Lösungsgedanke der Schicht-Preisschen Erfindung darin, durch eine Schwenkbewegung des Fräsers ein Werkzeugrad, das sog. Planrad, zu verkörpern und an diesem den zu verzahnenden Radkörper abzuwälzen. Die Achse des Fräsers tangiert bei dieser Schwenkbewegung einen Kreis, dessen Durchmesser nach der Größe des zu verzahnenden Rades bestimmt wird.

Etwa im Juli 1921 hatten die beiden Erfinder in einer kleinen Werkstatt eine Maschine gebaut, auf der man mittels Wälzfräser Kegelräder mit bogenförmigen Zähnen herstellte. Im Jahre 1922 verhandelten die Erfinder mit verschiedenen deutschen Firmen zwecks wirtschaftlicher Verwertung ihrer Erfindung, u. a. auch mit der Firma W. Ferd. Klingelnberg Söhne, Remscheid, die dann im gleichen Jahre die Erfindung erwarb und deren Weiterentwicklung unter der Leitung des Erfinders Obering. Schicht, in ihrem Werk Hückeswagen übernahm.

Zwischen diesem Ausgangspunkt und der Gegenwart liegt ein langer Entwicklungsweg. Neben erfolgversprechenden Ansätzen türmten sich unüberwindlich erscheinende Schwierigkeiten auf. Allen Schwierigkeiten zum Trotz hat sich der technische Fortschritt seinen Weg erzwungen. Der besprochenen Erfindung war nicht nur ein technischer Erfolg beschieden; sie kann auch für sich in Anspruch nehmen, die heimische Wirtschaft von der Einfuhr ausländischer Kegelrad-Verzahnmaschinen unabhängig gemacht zu haben.

b) Grundprinzip der Herstellung.

Die Herstellung der Palloid-Spiralkegelräder ist leicht verständlich, wenn man von dem bekannten Wälzfräsen von Stirn- und Schraubenrädern ausgeht. Beide Arbeitsverfahren arbeiten mit Schneckenfräsern.

Beim Wälzfräsen von Stirn- und Schraubenrädern kann die Vorschubbewegung des Schneckenfräsers entweder in Achsrichtung des Radkörpers oder tangential dazu erfolgen. Man unterscheidet dementsprechend ein Axial- und Tangentialverfahren. Das letztere, vielfach zur Herstellung von Schneckenrädern benutzte Verfahren, kommt der Herstellung von Palloid-Spiralkegelrädern am nächsten. Es ist in seiner Wirkungsweise in den Bildern 1 bis 3 schematisch dargestellt.

Der zu verzahnende Radkörper *a* und das schneckenförmige Werkzeug *b* verschrauben sich beim Verzahnen wie Schnecke und Schneckenrad. · Sie drehen sich in Pfeilrichtung *c* und *d*. *d* ist die Schnittbewegung des Fräsers. Während der Verschraubung wird der Fräser tangential zum Radkörper, und zwar in Pfeilrichtung *f*, langsam vorgeschoben. Dabei dringt er tiefer in das Rad ein (Bild 2 und 3) und erzeugt in einem fortlaufenden Arbeitsgang sämtliche Zähne des Rades.

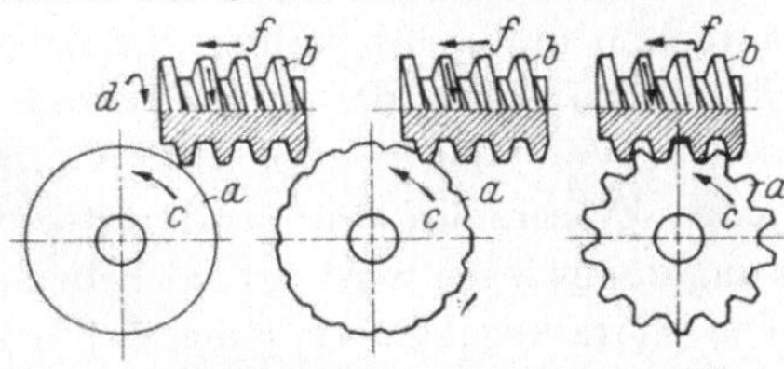

Bild 1 bis 3. Herstellung von Schneckenrädern in drei Arbeitsstufen.

Der tangentiale Vorschub des Fräsers würde die ordnungsmäßige Verschraubung stören, wenn die Drehzahlen dem einfachen Verhältnis der Fräserdrehzahl zur Zähnezahl des Radkörpers entsprechend würden: Die tangentiale Vorschubbewegung wird der sich aus dem Übersetzungsverhältnis ergebenden Bewegung mit Hilfe eines Ausgleichsgetriebes überlagert.

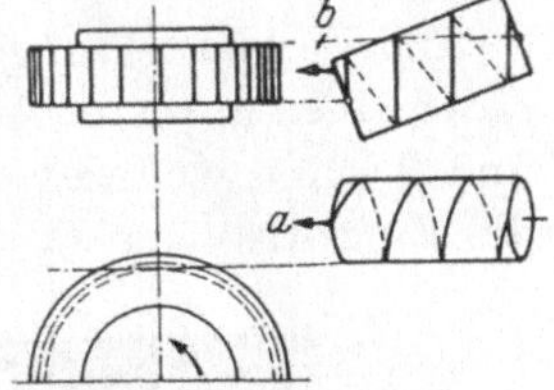

Bild 4. Herstellung eines Stirnrades nach dem Tangentialverfahren.

Nach dem beschriebenen Verfahren werden Schneckenräder hergestellt; will man auf diese Weise Stirn- oder Schraubenräder herstellen, so muß der Fräser entsprechend dem Bild 4 derart diagonal zum Zahnkranz angeordnet werden, daß er beim Vorschub in Pfeilrichtung *a* die ganze Zahnbreite bestreicht. Er verkörpert dann auf seiner Bahn *b* eine mit dem Rad kämmende Zahnstange.

Bei dem beschriebenen Verfahren werden zylindrische Fräser benutzt. Auch zur Herstellung von Spiralkegelrädern ist die Verwendung zylindrischer Fräser möglich; praktisch verwendet man konische Fräser. Der schneckenförmige Fräser *b* kommt hierbei gemäß Bild 5 auf einer kreisbogenförmig gekrümmten Bahn mit dem zu verzahnenden Radkörper in Eingriff. Wie das Bild zeigt, ist der Fräser derart eingestellt, daß sein eines Ende weiter vom Mittelpunkt entfernt liegt als sein anderes Ende. Demzufolge beschreibt die erzeugende Mantellinie des Fräsers bei einer Schwenkbewegung *d* um

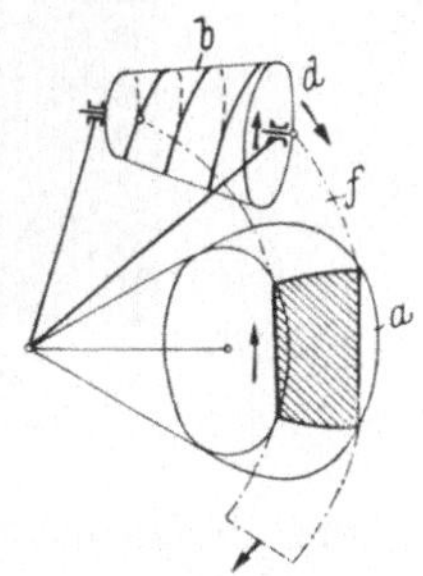

Bild 5. Herstellung von Palloid-Spiralkegelrädern.
Der Schneckenfräser *b* wird auf einer kreisbogenförmig gekrümmten Bahn *f* bewegt.

die Kegelspitze des Radkörpers eine kreisringförmige Fläche f, deren Breite zum wenigsten der Zahnbreite des herzustellenden Rades entsprechen muß. Auch hier verkörpert der Fräser in seiner Bahn f eine Planverzahnung, das sog. Planrad.

Im Vergleich zu der Herstellung von Stirnrädern, bei dem einem jeden Fräserzahn eine bestimmte Strecke des Zahnprofils zur Bearbeitung zugewiesen wird, ist noch bemerkenswert, daß bei der Herstellung von Spiralkegelrädern jeder Fräserzahn auf einem Teil der Zahnlänge das Profil vom Zahnkopf bis zum Zahnfuß allein bearbeitet, und zwar indem er es stufenlos einhüllt. (Einzelheiten des Verfahrens s. S. 42).

c) Kennzeichnende Merkmale.

Im Vergleich zu geradverzahnten Kegelrädern haben Spiralkegelräder einen größeren Überdeckungsgrad, wie ein Vergleich der Bilder 6 und 7 ohne weiteres erkennen läßt. Bei Geradzahnkegelrädern wird die Eingriffsdauer ausschließlich von der Profilüberdeckung bestimmt;

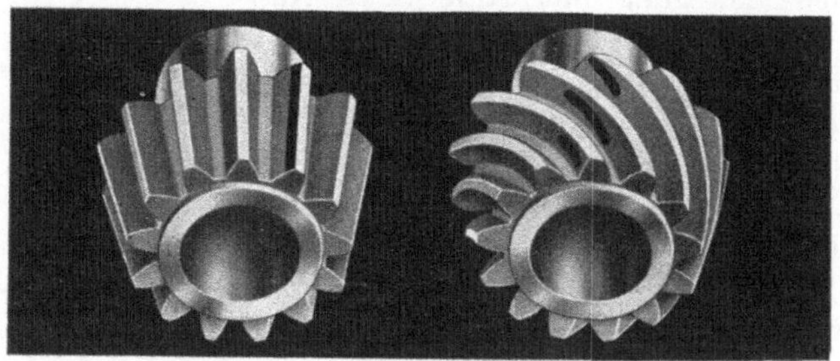

Bild 6. Zahneingriff bei Geradzahnkegelrädern.   Bild 7. Zahneingriff bei Spiralkegelrädern.

bei Spiralkegelrädern kommt zu der Profilüberdeckung die sog. Sprungüberdeckung. Auf diese Zusammenhänge ist es auch zurückzuführen, daß Spiralkegelräder bis herunter zu 4 Zähnen verwendet werden können.

Kennzeichnend ist auch die Art der Gleitbewegung zwischen den kämmenden Zahnflanken. Bei Geradzahnkegelrädern kehrt die Gleitbewegung auf der ganzen Zahnbreite gleichzeitig um, wie es die Bilder 8 bis 10 andeuten. Bei Spiralkegelrädern wird die abwärts gerichtete Gleitbewegung der einen Zahnpartie ausgeglichen durch die gleichzeitig nach oben gerichtete Gleitbewegung anderer Zahnpartien. Bild 11 zeigt die auf eine Zahnflanke projizierte Gleitbewegung in den verschiedenen Abrollstadien der Zähne.

Die höhere Bruchfestigkeit spiralverzahnter Kegelräder liegt zum Teil in der großen Zahl der im Eingriff befindlichen Zähne, zum Teil auch in der größeren Widerstandsfähigkeit bogenförmiger Körper begründet. Auch ist

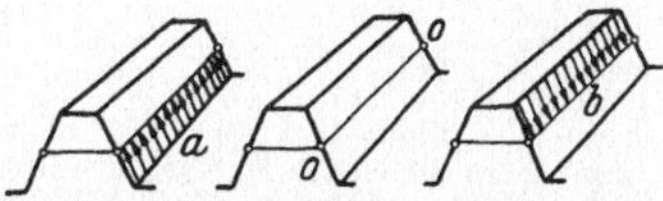

Bilder 8 bis 10. Umkehr der Gleitrichtung auf der Wälzlinie $O-O$ von Richtung a nach Bild 8 in Richtung b nach Bild 10.

zu berücksichtigen, daß der gerade Kegelradzahn auf seiner ganzen Länge gleichzeitig, und zwar mit dem Hebelarm $^1/_1 h$ (Bild 12) beansprucht wird, während bei Spiralkegelrädern infolge des Umstandes, daß die Zähne an einem Ende mit ihrem Fuß zur Anlage kommen, und daß dann die Zahnberührung mit fortschreitender Drehung allmählich diagonal über die Zahnflanke zum anderen Ende wandert, mit einem Durchschnittswert von $^1/_2 h$ für den wirksamen Hebelarm gerechnet werden darf, wie es in Bild 13 angegeben ist.

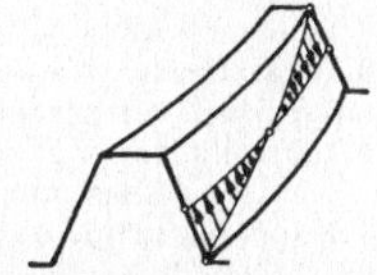

Bild 11. Die Gleitrichtung mehrerer, in gleichmäßigem Eingriff befindlichen Spiralzähne, auf einen Zahn projiziert.

Als kennzeichnendes Merkmal der Palloid-Spiralkegelräder ist endlich ihre Verlagerungsfähigkeit zu nennen. Geradzahnkegelräder und auch manche Systeme spiralverzahnter Kegelräder sind so ausgebildet, daß sie auf der ganzen Zahnbreite tragen sollen. Praktisch treten nun aber häufig Abbiegungen und Verlagerungen der Räder aus ihrer theoretischen Einbaustellung auf. Solche Lageveränderungen schließen die Gefahr des Kantentragens mit unkontrollierbar großer Kantenbelastung ein (Bild 14).

Richtige Lagerausbildung vorausgesetzt, besteht diese Gefahr bei PalloidSpiralkegelrädern nicht, weil hier die Zahnanlage nicht ganz bis an die Zahnenden heranreicht. Das begrenzte Tragen wird durch einen Krümmungsunterschied

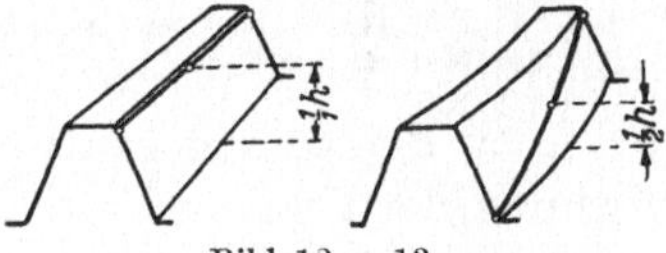

Bild 12 u. 13.

Bild 12: Geradverzahnung wird beim ersten Zahneingriff auf der ganzen Zahnlänge mit dem Hebelarm der ganzen Zahnhöhe ($^1/_1$ h) beansprucht.

Bild 13: Spiralverzahnung wird beim ersten Zahneingriff nur in einem Punkt mit dem Hebelarm $^1/_1$ h, infolge gleichzeitiger Belastung mehrerer Zähne in den verschiedenen Abrollstadien im Durchschnitt nur mit der halben Zahnhöhe ($^1/_2$ h) belastet.

zwischen den hohlen und erhabenen Flanken erreicht. Auf Belastungsschwankungen reagiert die Verzahnung durch ein Wandern des Tragbildes nach dem einen oder anderen Zahnende hin. Wesentlich ist dabei, daß selbst bei Lageveränderungen unkontrollierbar große Kantenpressungen unmöglich sind (vgl. Bild 14 und 15).

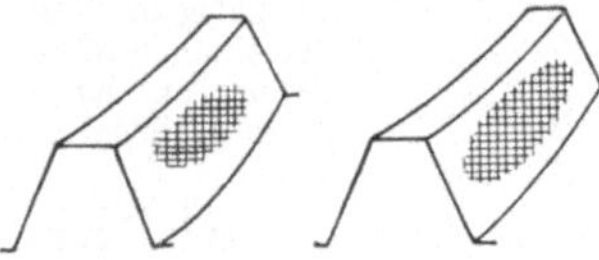

Bild 14 u. 15.

Bild 14: Geringe Verlagerungen bewirken bei Geradzahnkegelrädern unkontrollierbar große Kantenbelastung.

Bild 15: Die ballige Zahngestaltung bei Palloid-Spiralkegelrädern verhindert auch bei Lageveränderungen das gefürchtete Kantentragen.

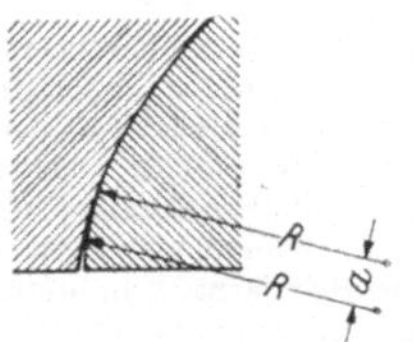

Bild 16 u. 17.

Bild 16: Palloidzahn, unbelastet.
Bild 17: Palloidzahn unter Last; das Tragbild wird größer.

Ein Belastungsversuch der Palloid-Spiralkegelräder auf der Prüfmaschine zeigt, daß die Tragbilder mit zunehmender Last größer werden (Bild 16 und 17). Daraus ist zu folgern, daß der spezifische Flächendruck weniger stark anwächst als die zunehmende Belastung.

Diese Eigenart ist auf verschiedene Umstände, u. a. natürlich auch auf die Elastizität des Werkstoffes zurückzuführen. Wesentlich ist auch die von innen und außen abnehmende Längskrümmung der Palloidzähne, wie aus den Bildern 18 bis 20 zu erkennen ist. Diese Bilder zeigen einen Ausschnitt aus den Palloidzähnen, und zwar den Krümmungsunterschied zwischen hohler und erhabener Flanke übertrieben vergrößert, um die Wirkung einer Verschiebung der Flanken augenfälliger zu machen. Infolge des Krümmungsunterschiedes liegen Radien gleicher Krümmung um einen Betrag a gegeneinander versetzt. Mag nun der Zahn durch Wirkung der Umfangskraft P_u in der einen oder anderen Drehrichtung

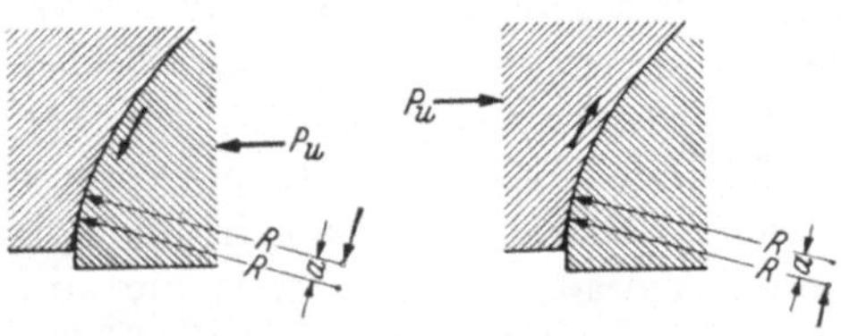

Bilder 18 bis 20. Längsschnitt durch Palloidzähne. Kennzeichnend für den wirksamen Krümmungsunterschied zwischen hohler und erhabener Flanke ist der Abstand a von je einem gleich großen Halbmesser R der hohlen und erhabenen Flanke.

Bild 18: unbelastet, a verhältnismäßig groß. — Bild 19: von rechts nach links belastet; die Flanken gehen in einen neuen Gleichgewichtszustand über, a wird kleiner und damit auch der wirksame Krümmungsunterschied. Die absoluten Krümmungen bleiben natürlich unverändert. — Bild 20: von links nach rechts belastet, sonst wie Bild 19.

bewegt werden, in jedem Falle bewirkt der unvermeidliche Übergang in einen neuen Gleichgewichtszustand eine Verminderung des Abstandes a, also eine Verkleinerung des Krümmungsunterschiedes und somit eine Vergrößerung der sich anschmiegenden Zahnflächen.

2. Geometrische Berechnung.

a) Festlegung der Grundbegriffe.

Wie ein Stirnrad an einer Zahnstange, so kann ein Kegelrad an einer Zahnscheibe abrollen. Diese als Planrad bezeichnete Zahnscheibe, also ein Kegelrad mit einem Kegelwinkel von 180°, bildet nach DIN 868 die Bezugsgrundlage sämtlicher Kegelradverzahnungen. Auch die Palloid-Spiralkegelräder werden auf das Planrad bezogen.

Bild 21 zeigt, wie man sich das körperlich nicht vorhandene, gedachte Planrad a im Eingriff mit den beiden Rädern eines Radpaares vorzustellen hat. Da von zwei kämmenden Spiralkegelrädern das eine Rad nach Rechtsspiralen und das andere Rad nach Linksspiralen gekrümmte Zähne hat, weist das Planrad, von der Seite des einen Rades aus betrachtet, Linksspiralen und von der Seite des anderen Rades aus betrachtet Rechtsspiralen auf.

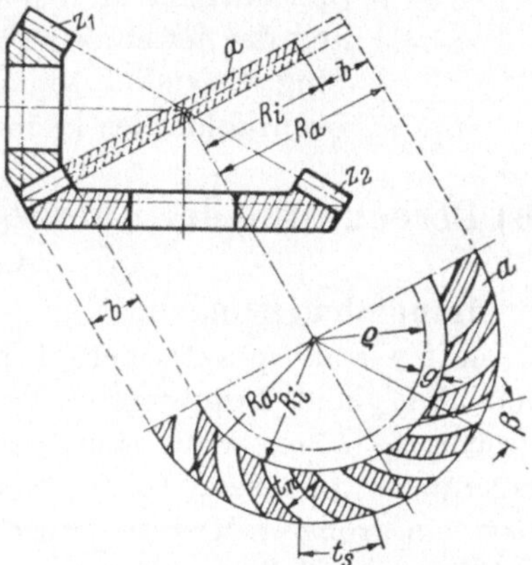

Bild 21. Kegelräder mit senkrecht sich schneidenden Achsen, a das zugehörige Planrad.

Zur Bestimmung des Planrades dienen die in Bild 21 eingetragenen Bezeichnungen. Es bedeuten in den folgenden Formeln, vgl. auch Bild 22:

R_a Spitzenentfernung, d. h. die Entfernung der gedachten Kegelspitze vom äußeren Raddurchmesser, am Mantel des Teilkegels gemessen.

R_i Innenentfernung, d. h. die Entfernung der gedachten Kegelspitze vom inneren Raddurchmesser, am Mantel des Teilkegels gemessen.

b Zahnbreite.

t_n Normalteilung.

$m_n = t_n/\pi$ Normalmodul.

t_s Stirnteilung.

$m_s = t_s/\pi$ Stirnmodul.

p, z_1, z_2 Zähnezahlen des Planrades, des kleinen und des großen Rades.

ϱ Normalteilkreis-Halbmesser, d. i. Halbmesser eines Kreises mit einer am Umfang gemessenen, dem Werte t_n entsprechenden Teilung.

$g = R_i - \varrho$ Mindestabstand der Verzahnung vom Normalteilkreis.

β Spiralwinkel, d. i. der Winkel zwischen dem Radiusvektor und der jeweiligen Tangente an die zahnerzeugende Kurve.

α Eingriffswinkel, senkrecht zu den Zähnen gemessen.

n_1, n_2 Drehzahlen des kleinen und des großen Rades.

b) Berechnung der Abmessungen bei einem Achsenwinkel $\delta = 90°$.

Hauptabmessungen.

Auf Grund praktischer Erfahrungen empfiehlt es sich, Normalmodul m_n und Zahnbreite b so zu wählen, daß die Zahnbreite nicht größer als $10\,m_n$ wird. Für Getriebe, die Erschütterungen und Verlagerungen ausgesetzt sind, ist eine entsprechend geringere Zahnbreite bzw. ein größerer Modul vorzusehen. Bei der Berechnung wird zweckmäßig m_n zunächst angenommen und später auf Tragfähigkeit geprüft. Als gegeben ist dann anzunehmen:

$m_n = $ Normalmodul,

$i = $ Übersetzungsverhältnis n_1/n_2,

$z_1 = $ Zähnezahl des kleinen Rades, die üblich nicht unter 6 gewählt wird, nach Sonderberechnung bis herunter zu 4 ausgeführt werden kann.

Zunächst erhält man für die Zähnezahl des großen Rades

$$z_2 = i \cdot z_1. \tag{1}$$

Um nun gleich bei Beginn der Rechnung eine Vorstellung von der Größe der Räder zu gewinnen, wird der Durchmesser d_{n2} durch eine Zwischenrechnung ermittelt, vgl. Bild 22. Die Kenntnis des Durchmessers d_{n2} ermöglicht eine Schätzung des größeren Durchmessers d_{o2}. Setzt man

$$d_{n2} = z_2 \cdot m_n \quad (m_n \text{ nach Berechnungstafel 1}), \tag{2}$$

Berechnungstafel 1. Reihe der Normalmoduln und Mindestzwischen-
raum g in Gleichung (6).

Normal-modul	g mm	Normal-modul	g mm	Normal-modul	g mm
1	4	2,75[1]	5,5	4,5	7,5
1,25[1]	4	3	6	5	8
1,5	4,5	3,25[1]	6	5,5	8,5
1,75[1]	4,5	3,5	6,5	6	9
2	5	3,75[1]	6,5	6,5	10
2,25[1]	5	4	7	7	11
2,5	5,5	4,25[1]	7	8[1]	12

Bei Eingriffswinkeln größer als 15° können die angegebenen Werte erforder-
lichenfalls noch um einen geringen Betrag unterschritten werden. Ist z_p kleiner
als 25, so muß g nach Sondervorschrift gewählt werden.

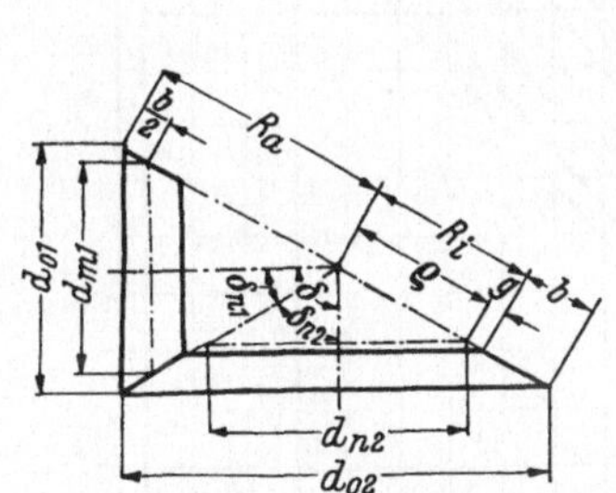

Bild 22. Rechengrößen für die Kegelradberechnung bei $\delta = 90°$.

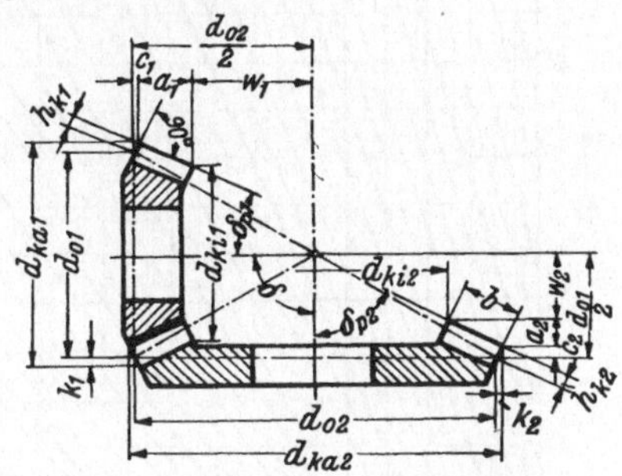

Bild 23. Abmessungen der Kegelräder bei
$\delta = 90°$.

so ist d_{n2} der Durchmesser jenes Kreises am größeren Rade, der im
Planrade dem Normalteilkreis mit dem Halbmesser entspricht. Für
den weiteren Rechnungsgang ist d_{n2} nicht erforderlich.

Für die in Bild 22 mit δ_{n1} bzw. δ_{n2} bezeichneten Kegelwinkel gelten
die bekannten Beziehungen

$$\operatorname{tg} \delta_{n1} = z_1/z_2 \quad \text{und} \quad \operatorname{tg} \delta_{n2} = z_2/z_1.$$

Zur Erzielung besserer Laufeigenschaften erfahren diese Winkel
nach Bild 23 eine Winkelveränderung w_k derart, daß die Kegelwinkel,
nach denen die Räder praktisch ausgeführt werden, die Größe

$$\delta_{p1} = \delta_{n1} - w_k = \operatorname{arc} \operatorname{tg} z_1/z_2 - w_k$$

und

$$\delta_{p2} = \delta_{n2} + w_k = \operatorname{arc} \operatorname{tg} z_2/z_1 + w_k$$

haben.

---

[1] Diese Werte sollen nur in Ausnahmefällen verwendet werden.

Wie diese Winkel praktisch berechnet werden, wird weiter unten erläutert. Da die hier zunächst behandelten Kegelräder mit einem Achsenwinkel von 90° besonders häufig vorkommen, empfiehlt es sich, zur Bestimmung der Kegelwinkel δ_{p2} Tafeln zu verwenden. Die hier wiedergegebene Berechnungstafel 2 gilt für Übersetzungen von $6:15$ bis $30:30$, während die Berechnungstafel 3 für solche von $6:30$ bis $50:100$ bestimmt ist.

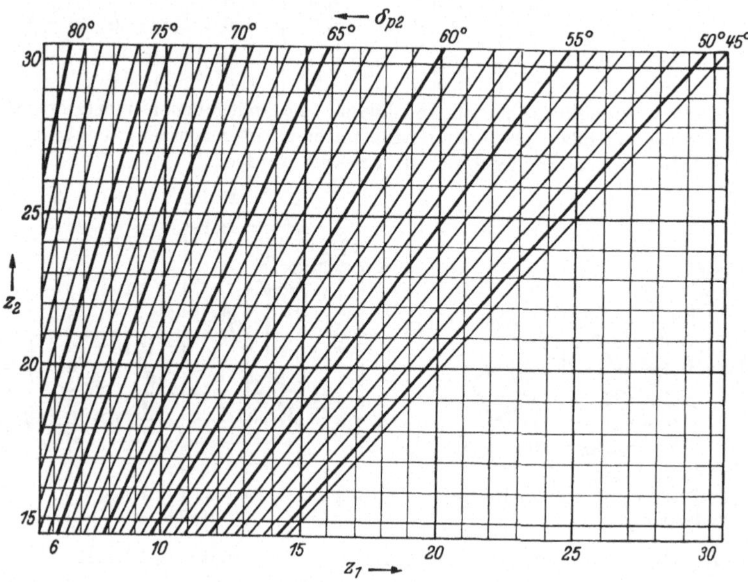

Berechnungstafel 2. Kegelwinkel δ_{p2} für Übersetzungen $6:15$ bis $30:30$ für Achsenwinkel $\delta = 90°$

Ist δ_{p2} nach Berechnungstafel 2 und 3 bestimmt und auf ganze oder halbe Grad abgerundet, so folgt

$$\delta_{p1} = 90° - \delta_{p2}. \tag{3}$$

Für die Zähnezahl z_p des Planrades gilt die Gleichung

$$^1\!/_2\, z_p = u \cdot z_2, \tag{4}$$

wobei sich u aus

$$u = \frac{1}{2 \cdot \sin \delta_{p2}}$$

ergibt. Die vorkommenden u-Werte sind in Berechnungstafel 4 zusammengestellt.

Nunmehr kann der Halbmesser

$$\varrho = {}^1\!/_2 z_p \cdot m_n \tag{5}$$

des Normalteilkreises bestimmt werden. Aus Gleichung (5) folgt, daß die Stirnteilung dieses gedachten Kreises gleich der Normalteilung der Verzahnung ist, d. h. also auch $m_n = m_s$. Die Flankenlinien stehen somit senkrecht auf dem Umfang dieses Kreises. Er kann daher als der Grundkreis der evolventenartigen Palloidkurven angesehen werden.

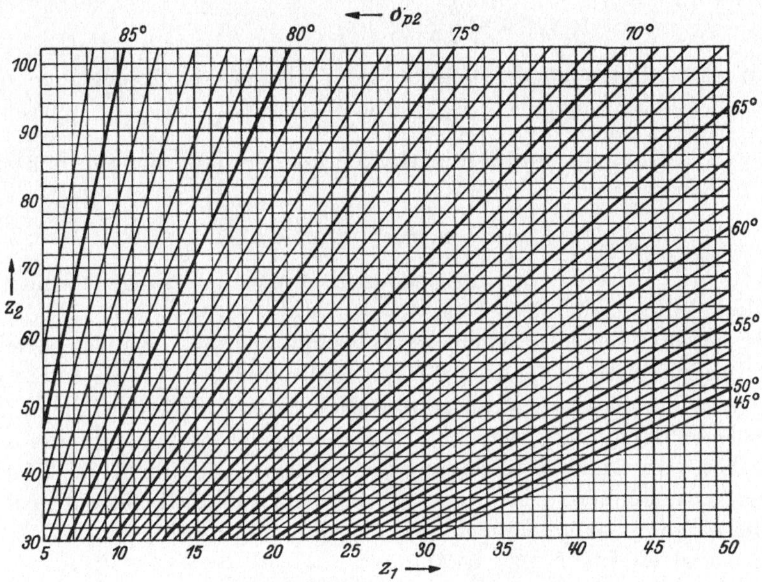

Berechnungstafel 3. Kegelwinkel δ_{p2} für Übersetzungen $6:30$ bis $50:100$ für Achsenwinkel $\delta = 90°$.

Aus Gründen der praktischen Herstellung kann der Planradzahn nicht ganz bis an den Normalteilkreis herangeführt werden, d. h. die Innenentfernung R_i, vgl. Bild 21, muß um einen Betrag g größer als der Halbmesser ϱ des Normalteilkreises sein. Es ist demnach

$$R_i = \varrho + g. \tag{6}$$

Für den Wert g empfiehlt es sich, die in Berechnungstafel 1 eingetragenen Mindestwerte zu nehmen. Einer Vergrößerung des Wertes g steht verzahnungstechnisch nichts entgegen. Zu beachten ist, daß eine Vergrößerung des g-Wertes eine Vergrößerung des mittleren Spiralwinkels zur Folge hat. Bei besonders sorgfältiger Maschineneinstellung ist auch eine geringe Verkleinerung des g-Wertes noch angängig, jedoch sollte mit Rücksicht auf die Normung von dieser Möglichkeit tunlichst abgesehen werden.

Die Breite der Zähne wird zweckmäßig

$$b = \frac{R_i}{2{,}25} \quad \text{bis} \quad \frac{R_i}{2{,}75}$$

und normal

$$b = \frac{R_i}{2{,}5}. \tag{7}$$

Dann ist die Spitzenentfernung, d. h. der Abstand der Kegelspitze vom äußeren Radumfang

$$R_a = R_i + b. \tag{8}$$

Aus den vorstehend ermittelten Größen können dann die Durchmesser der Teilkegel bestimmt werden

$$d_{o\,2} = R_a/u, \quad m_s = d_{o\,2}/z_2, \quad d_{o\,1} = m_s \cdot z_1. \tag{9}$$

Damit sind bereits alle notwendigen Hauptabmessungen ermittelt worden.

In jenen Fällen, in denen der Konstrukteur von einem gegebenen Teilkreisdurchmesser $d_{o\,2}$ des größeren Rades und dem vorgeschriebenen Übersetzungsverhältnis i ausgehen muß, bedarf der vorstehend beschriebene Rechnungsgang einer Abänderung. In solchen Fällen sind zunächst zwei dem Übersetzungsverhältnis i entsprechende Zähnezahlen anzunehmen. Sie brauchen mit den endgültig festzulegenden Zähnezahlen nicht übereinzustimmen. Sodann ist $\delta_{p\,2}$ nach Tafel 2 oder 3 und daraus $\delta_{p\,1}$ zu bestimmen.

Zu $\delta_{p\,2}$ ermittelt man nach Tafel 4 den Faktor u. Die weiteren Abmessungen erhält man dann aus den Beziehungen

$$R_a = d_{o\,2} \cdot u, \quad b = \frac{R_a}{3{,}5}, \quad \infty z_p = 2 \cdot \frac{(R_a - b)}{m_n},$$
$$\varrho = R_a - (b + g).$$

Die endgültigen Zähnezahlen sind dann

$$z_2 = \varrho/u \cdot m_n, \quad z_1 = z_2/i.$$

Mit diesen auf eine ganze Zahl abzurundenden Zähnezahlen wird dann nach dem oben angegebenen Rechnungsgang weitergerechnet.

Um den Rechnungsgang zu erläutern, sei im folgenden ein Beispiel gebracht. Als gegeben sollen der Normalmodul $m_n = 5$, das Übersetzungsverhältnis $i = 4 : 1$, die Zähnezahl des kleinen Rades $z_1 = 8$ und der Eingriffswinkel $\alpha = 20°$ angenommen werden.

Aus Gleichung (1) folgt $z_2 = 32$. Der Teilkreisdurchmesser des großen Rades wird dann nach Gleichung (2) $d_{n2} = 160$ mm. Den Winkel δ_{p2} erhält man nach Tafel 3 zu $78°$. Nach Gleichung (3) ergibt sich $\delta_{p1} = 90° - 78° = 12°$. Mit einem Wert für u nach Tafel 4 $= 0{,}511169$ folgt als halbe Zähnezahl des Planrades $^1/_2 z_p = 16{,}357408$ und somit als Halbmesser des Normalteilkreises aus Gleichung (5) $\varrho = 81{,}79$ mm. Berücksichtigt man nun Zahlentafel 1 und Gleichung (6), so erhält man schließlich $R_i = 81{,}79 + 8 = 89{,}79$ mm. Aus den übrigen Gleichungen (7) bis (9) erhält man dann einfach $b = 35$ mm, $R_a = 89{,}79 + 35 = 124{,}79$ mm, $d_{o2} = 124{,}79/0{,}5111 = 244$ mm, $m_s = 244/32 = 7{,}625$ und $d_{o1} = 7{,}625 \cdot 8 = 61$ mm.

Bestimmung der Hauptabmessungen mittels Rechenschieber oder Rechenmaschine. In dem normalen, vorstehend zuerst beschriebenen Rechnungsgang geht die Rechnung vom Normalmodul m_n und den Zähnezahlen z_1, z_2 aus. Man errechnet dort zunächst den Normal-Teilkreishalbmesser ϱ, addiert dazu den Tafelwert g, um die Innenentfernung R_i zu erhalten und schlägt hierzu endlich die Zahnbreite b. Das Ergebnis ist die Spitzenentfernung R_a. Man geht somit von innen nach außen, indem man einen Baustein auf den anderen fügt. Dieser Rechnungsgang ist an den Anfang der vorstehenden Erläuterungen gestellt, weil er besonders klar die zwangsläufge Entwicklung der einen Größe aus der anderen erkennen läßt und deshalb das Verständnis der Rechnung erleichtert.

In der Praxis ist vielfach der Teilkreisdurchmesser des größeren Rades gegeben. Dann kann die Rechnung nicht von innen nach außen fortschreiten, sondern man muß von außen nach innen einen Baustein nach dem anderen abtragen, also den umgekehrten Weg gehen. Auch dieser Rechnungsgang ist oben erörtert, und zwar an zweiter Stelle.

Die beschriebenen Rechnungsarten sind natürlich nicht die einzig möglichen Wege, vom Teilkreisdurchmesser des großen Rades ausgehend die Hauptabmessungen eines Palloid-Spiralkegelradgetriebes zu bestimmen. Ein in Verbindung mit Rechenschieber und Rechenmaschine vielfach benutzter Rechnungsgang wird im folgenden beschrieben. Er ist einfach in der Anwendung, hat allerdings den Nachteil, daß möglicherweise einige Rechenoperationen wiederholt werden müssen, nämlich dann, wenn das Ende der Rechnung zeigt, daß der als Rest übrigbleibende Wert „g“ von dem Tafelwert g weit abweicht. Der Rechnungsgang ist folgender:

Gegeben ist der Teilkreisdurchmesser d_{o2} des größeren Rades und das Übersetzungsverhältnis i. Auf dem Rechenschieber wird das Übersetzungsverhältnis eingestellt, z. B. 4,2 : 1 und mit dem Läufer zwei passend erscheinende Zähnezahlen z_1, z_2, z. B. 15 und 51 oder 10 und 42 ausgesucht. Dann ist der Stirnmodul

$$m_s = \frac{d_{o2}}{z_2}$$

und der Normalmodul

$$m_n = \frac{m_s}{\text{etwa } 1,5} \cdot$$

Mit 1,5 ist das Verhältnis $m_s : m_n$ nur näherungsweise angegeben, bei kleinen Rädern ist es etwas kleiner, bei großen Rädern größer als 1,5.

Nach diesen Vorbereitungen beginnt die genaue Rechnung. Zunächst wird aus $z_1 : z_2$ aus Berechnungstafel 2 oder 3 δ_{p2} bzw. δ_{p1} ermittelt, desgleichen aus Berechnungstafel 4 der Wert u. Diesen Wert u stellt man unten auf dem Rechenschieber ein und rechnet:

$$R_a = u \cdot d_{o2} \quad \text{(auf 0,1 mm genau bestimmen)}.$$

Von der Einstellung auf dem Rechenschieber ausgehend wird weiter gerechnet:

$$\varrho = u \cdot z_2 \cdot m_n.$$

Die Breite der Zähne b ist, wie auch oben angegeben:

$$b = \frac{R_a}{3,25} \quad \text{bis} \quad \frac{R_a}{3,75} \quad \text{und normal} \quad \frac{R_a}{3,5} \cdot$$

Dann berechnet man die Innendistanz

$$R_i = R_a - b$$

und den Zwischenraum

$$g = R_i - \varrho.$$

Alle Werte sind auf 0,1 mm genau zu errechnen.

Nunmehr wird geprüft, ob der Zwischenraum g dem Tabellenwert g ausreichend genau entspricht. Ist das nicht der Fall, so sind die Zähnezahlen oder gegebenenfalls auch der Normalmodul zu ändern. Von der Bestimmung des „u“-Wertes ab ist dann neu zu rechnen. Hat man auf diese Weise die bis auf 0,1 mm genauen Daten ermittelt, so bestimmt man die Hauptwerte auf zwei Stellen genau. Die Errechnung der genauen Teilkreisdurchmesser erfolgt dann nach Gleichung (9).

Berechnungstafel 4. Faktor „u" für Kegelwinkel δ_{p2}

$$\left(u = \frac{1}{2 \cdot \sin \delta_{p2}}\right).$$

δ_{p2}	u	δ_{p2}	u	δ_{p2}	u
20°	1,461 988	40°	0,770 068	60°	0,577 347
20¹/₂°	1,424 900	40¹/₂°	0,769 941	60¹/₂°	0,574 474
21°	1,395 089	41°	0,762 078	61°	0,571 676
21¹/₂°	1,364 256	41¹/₂°	0,754 603	61¹/₂°	0,568 944
22°	1,334 757	42°	0,747 272	62°	0,566 283
22¹/₂°	1,306 506	42¹/₂°	0,740 082	62¹/₂°	0,563 691
23°	1,279 754	43°	0,733 137	63°	0,561 161
23¹/₂°	1,254 075	43¹/₂°	0,726 321	63¹/₂°	0,558 703
24°	1,229 407	44°	0,719 735	64°	0,556 303
24¹/₂°	1,205 690	44¹/₂°	0,713 368	64¹/₂°	0,553 961
25°	1,183 152	45°	0,707 113	65°	0,551 688
25¹/₂°	1,161 440	45¹/₂°	0,700 967	65¹/₂°	0,549 474
26°	1,140 510	46°	0,695 120	66°	0,547 315
26¹/₂°	1,120 573	46¹/₂°	0,689 274	66¹/₂°	0,545 220
27°	1,101 321	47°	0,683 620	67°	0,543 183
27¹/₂°	1,082 954	47¹/₂°	0,678 150	67¹/₂°	0,541 196
28°	1,064 962	48°	0,672 856	68°	0,539 269
28¹/₂°	1,047 778	48¹/₂°	0,667 556	68¹/₂°	0,537 403
29°	1,031 353	49°	0,662 506	69°	0,535 573
29¹/₂°	1,015 434	49¹/₂°	0,657 540	69¹/₂°	0,533 805
30°	1,000 000	50°	0,652 707	70°	0,532 090
30¹/₂°	0,985 221	50¹/₂°	0,647 987	70¹/₂°	0,530 425
31°	0,970 873	51°	0,643 376	71°	0,528 809
31¹/₂°	0,956 937	51¹/₂°	0,638 887	71¹/₂°	0,527 248
32°	0,943 574	52°	0,634 509	72°	0,525 729
32¹/₂°	0,930 578	52¹/₂°	0,630 238	72¹/₂°	0,524 262
33°	0,918 105	53°	0,626 064	73°	0,522 848
33¹/₂°	0,905 961	53¹/₂°	0,621 998	73¹/₂°	0,521 474
34°	0,894 134	54°	0,618 031	74°	0,520 150
34¹/₂°	0,882 761	54¹/₂°	0,614 160	74¹/₂°	0,518 871
35°	0,871 687	55°	0,610 388	75°	0,517 635
35¹/₂°	0,861 029	55¹/₂°	0,606 700	75¹/₂°	0,516 448
36°	0,850 629	56°	0,603 107	76°	0,515 304
36¹/₂°	0,840 618	56¹/₂°	0,599 599	76¹/₂°	0,514 207
37°	0,830 840	57°	0,596 182	77°	0,513 152
37¹/₂°	0,821 123	57¹/₂°	0,592 845	77¹/₂°	0,512 137
38°	0,812 083	58°	0,589 588	78°	0,511 169
38¹/₂°	0,803 212	58¹/₂°	0,586 413	78¹/₂°	0,510 245
39°	0,794 533	59°	0,583 314	79°	0,509 357
39¹/₂°	0,786 039	59¹/₂°	0,580 295	79¹/₂°	0,508 517

Berechnungstafel 4 (Fortsetzung).

δ_{p2}	u	δ_{p2}	u	δ_{p2}	u
$80°$	0,507 712	$84°$	0,502 755	$88°$	0,500 304
$80^1/_2°$	0,506 950	$84^1/_2°$	0,502 310	$88^1/_2°$	0,500 171
$81°$	0,506 231	$85°$	0,501 912	$89°$	0,500 076
$81^1/_2°$	0,505 550	$85^1/_2°$	0,501 544	$89^1/_2°$	0,500 000
$82°$	0,504 912	$86°$	0,501 222	$90°$	0,500 000
$82^1/_2°$	0,504 316	$86^1/_2°$	0,500 951		
$83°$	0,503 752	$87°$	0,500 685		
$83^1/_2°$	0,503 235	$87^1/_2°$	0,500 475		

Berechnungstafel 5. Werte h_1 für Eingriffswinkel $\alpha = 15°$ zum Errechnen der Zahnkopfhöhe am Ritzel nach der Formel $h_{k1} = h_1 \cdot m_n - f$.

	$z_1 = 6$	7	8	9	10	11	12	13	14	15
$z_2 = 15$ $h_1 =$	1,62	1,58	1,54	1,49	1,45	1,40	1,35	1,29	1,23	1,00
16	1,62	1,58	1,54	1,50	1,46	1,41	1,36	1,31	1,25	1,19
17	1,62	1,59	1,54	1,50	1,46	1,41	1,36	1,32	1,26	1,21
18	1,63	1,59	1,55	1,51	1,46	1,42	1,37	1,32	1,27	1,22
19	1,63	1,59	1,55	1,51	1,47	1,42	1,38	1,33	1,28	1,23
20	1,63	1,59	1,55	1,51	1,47	1,43	1,38	1,34	1,29	1,24
21	1,63	1,59	1,55	1,51	1,47	1,43	1,39	1,34	1,29	1,25
22	1,63	1,59	1,55	1,52	1,48	1,43	1,39	1,35	1,30	1,25
23	1,63	1,59	1,55	1,52	1,48	1,44	1,39	1,35	1,30	1,26
24	1,63	1,59	1,56	1,52	1,48	1,44	1,40	1,35	1,31	1,26
25	1,63	1,59	1,56	1,52	1,48	1,44	1,40	1,36	1,31	1,27
26	1,63	1,59	1,56	1,52	1,48	1,44	1,40	1,36	1,32	1,27
27	1,63	1,59	1,56	1,52	1,48	1,45	1,41	1,36	1,32	1,28
28	1,63	1,59	1,56	1,52	1,48	1,45	1,41	1,37	1,32	1,28
29	1,63	1,59	1,56	1,52	1,49	1,45	1,41	1,37	1,33	1,28
30	1,63	1,60	1,56	1,52	1,49	1,45	1,41	1,37	1,33	1,29
35	1,63	1,60	1,56	1,52	1,49	1,45	1,42	1,38	1,34	1,30
40	1,63	1,60	1,56	1,53	1,49	1,46	1,42	1,39	1,35	1,31
45	1,63	1,60	1,56	1,53	1,49	1,46	1,43	1,39	1,35	1,31
50	1,63	1,60	1,56	1,53	1,49	1,46	1,43	1,39	1,36	1,32
55	1,63	1,60	1,56	1,53	1,50	1,46	1,43	1,39	1,36	1,32
60	1,63	1,60	1,56	1,53	1,50	1,46	1,43	1,39	1,36	1,32
65	1,64	1,60	1,56	1,53	1,50	1,46	1,43	1,40	1,36	1,32
75	1,64	1,61	1,57	1,54	1,50	1,47	1,44	1,41	1,37	1,33
100	1,64	1,61	1,57	1,54	1,51	1,47	1,44	1,41	1,37	1,33

Berechnungstafel 6. Werte h_1 für Eingriffswinkel $\alpha = 17^1/_2°$ zum Errechnen der Zahnkopfhöhe am Ritzel nach der Formel $h_{k1} = h_1 \cdot m_n - f$.

	$z_1 = 6$	7	8	9	10	11	12	13	14	15
$z_2 = 15$	$h_1 = 1{,}55$	1,49	1,44	1,38	1,31	1,25	1,18	1,10	1,02	1,00
16	1,55	1,50	1,44	1,38	1,32	1,26	1,19	1,12	1,04	1,00
17	1,55	1,50	1,44	1,39	1,33	1,27	1,20	1,13	1,06	1,00
18	1,56	1,50	1,45	1,39	1,33	1,27	1,21	1,14	1,07	1,00
19	1,56	1,50	1,45	1,39	1,34	1,28	1,22	1,15	1,08	1,01
20	1,56	1,50	1,45	1,40	1,34	1,28	1,22	1,16	1,09	1,03
21	1,56	1,51	1,45	1,40	1,35	1,29	1,23	1,17	1,10	1,04
22	1,56	1,51	1,46	1,40	1,35	1,29	1,24	1,17	1,11	1,05
23	1,56	1,51	1,46	1,41	1,35	1,29	1,24	1,18	1,12	1,05
24	1,56	1,51	1,46	1,41	1,35	1,30	1,24	1,18	1,13	1,06
25	1,56	1,51	1,46	1,41	1,36	1,30	1,25	1,19	1,13	1,07
26	1,56	1,51	1,46	1,41	1,36	1,30	1,25	1,19	1,14	1,08
27	1,56	1,51	1,46	1,41	1,36	1,31	1,25	1,20	1,14	1,08
28	1,56	1,51	1,46	1,41	1,36	1,31	1,26	1,20	1,15	1,09
29	1,56	1,51	1,46	1,41	1,36	1,31	1,26	1,20	1,15	1,09
30	1,56	1,51	1,46	1,41	1,36	1,31	1,26	1,21	1,15	1,10
35	1,56	1,51	1,46	1,42	1,37	1,32	1,27	1,22	1,17	1,11
40	1,56	1,51	1,46	1,42	1,37	1,32	1,28	1,23	1,17	1,12
45	1,56	1,52	1,47	1,42	1,37	1,33	1,28	1,23	1,18	1,13
50	1,56	1,52	1,47	1,42	1,37	1,33	1,28	1,23	1,19	1,14
55	1,56	1,52	1,47	1,42	1,37	1,33	1,28	1,24	1,19	1,14
60	1,56	1,52	1,47	1,42	1,38	1,33	1,28	1,24	1,19	1,14
65	1,56	1,52	1,47	1,43	1,38	1,33	1,29	1,24	1,19	1,14
75	1,56	1,52	1,47	1,43	1,39	1,34	1,29	1,24	1,20	1,15
100	1,56	1,53	1,48	1,43	1,39	1,35	1,30	1,25	1,20	1,15

Drehmaße. Die Drehmaße der Palloid-Spiralkegelräder stehen mit den vorstehend errechneten Hauptabmessungen in einem bei Betrachtung von Bild 23 ohne weiteres erkennbaren Zusammenhang. Dieser wird nachfolgend durch Gleichungen (10) bis (23) wiedergegeben.

Bei der Bestimmung der Zahnkopfhöhen ist von Erfahrungswerten auszugehen, die in den Tafeln 5 bis 8 niedergelegt sind.

Unter Benutzung dieser Tafeln und der in Bild 23 eingetragenen Bezeichnungen ist die Zahnkopfhöhe des kleinen Rades

die des großen Rades

$$h_{k1} = h_1 \cdot m_n - f, \tag{10}$$

$$h_{k2} = 2\,m - h_{k1}. \tag{11}$$

Zu beachten ist, daß h_{k1} niemals kleiner und h_{k2} niemals größer als m_n eingesetzt werden darf.

Berechnungstafel 7. Werte h_1 für Eingriffswinkel $\alpha = 20°$ zum Errechnen der Zahnkopfhöhe am Ritzel nach der Formel $h_{k1} = h_1 \cdot m_n - f$.

	$z_1 = 6$	7	8	9	10	11	12	13	14	15
$z_2 = 15$	$h_1 = 1{,}45$	1,38	1,31	1,23	1,15	1,07	1,00	1,00	1,00	1,00
16	1,45	1,38	1,31	1,23	1,15	1,08	1,00	1,00	1,00	1,00
17	1,46	1,39	1,32	1,24	1,16	1,09	1,00	1,00	1,00	1,00
18	1,46	1,39	1,32	1,24	1,17	1,10	1,01	1,00	1,00	1,00
19	1,46	1,39	1,32	1,25	1,18	1,10	1,02	1,00	1,00	1,00
20	1,46	1,39	1,32	1,25	1,18	1,11	1,03	1,00	1,00	1,00
21	1,46	1,39	1,33	1,26	1,18	1,11	1,04	1,00	1,00	1,00
22	1,46	1,40	1,33	1,26	1,19	1,12	1,04	1,00	1,00	1,00
23	1,46	1,40	1,33	1,26	1,19	1,12	1,05	1,00	1,00	1,00
24	1,46	1,40	1,33	1,26	1,20	1,13	1,06	1,00	1,00	1,00
25	1,46	1,40	1,33	1,27	1,20	1,13	1,06	1,00	1,00	1,00
26	1,46	1,40	1,34	1,27	1,20	1,14	1,06	1,00	1,00	1,00
27	1,46	1,40	1,34	1,27	1,21	1,14	1,07	1,00	1,00	1,00
28	1,46	1,40	1,34	1,27	1,21	1,14	1,07	1,00	1,00	1,00
29	1,46	1,40	1,34	1,27	1,21	1,14	1,07	1,00	1,00	1,00
30	1,47	1,40	1,34	1,28	1,21	1,15	1,08	1,01	1,00	1,00
35	1,47	1,40	1,34	1,28	1,22	1,15	1,09	1,02	1,00	1,00
40	1,47	1,41	1,34	1,28	1,22	1,16	1,09	1,03	1,00	1,00
45	1,47	1,41	1,35	1,28	1,22	1,16	1,10	1,04	1,00	1,00
50	1,47	1,41	1,35	1,29	1,23	1,16	1,10	1,04	1,00	1,00
55	1,47	1,41	1,35	1,29	1,23	1,17	1,10	1,04	1,00	1,00
60	1,47	1,41	1,35	1,29	1,23	1,17	1,11	1,05	1,00	1,00
65	1,47	1,41	1,36	1,29	1,23	1,17	1,11	1,05	1,00	1,00
75	1,47	1,41	1,36	1,29	1,23	1,17	1,11	1,05	1,00	1,00
100	1,48	1,42	1,36	1,30	1,24	1,18	1,12	1,06	1,00	1,00

Aus Bild 23 lassen sich noch folgende Beziehungen leicht ablesen:

$$a_1 = b \cdot \cos \delta_{p1} \qquad\qquad a_2 = b \cdot \sin \delta_{p1} \qquad\qquad (12)\ (13)$$

$$k_1 = h_{k1} \cdot \cos \delta_{p1} \qquad\qquad k_2 = h_{k2} \cdot \sin \delta_{p1} \qquad\qquad (14)\ (15)$$

$$c_1 = h_{k1} \cdot \sin \delta_{p1} \qquad\qquad c_2 = h_{k2} \cdot \cos \delta_{p1} \qquad\qquad (16)\ (17)$$

$$d_{ka1} = d_{o1} + 2k_1 \qquad\qquad d_{ka2} = d_{o2} + 2k_2 \qquad\qquad (18)\ (19)$$

$$d_{ki1} = d_{ka1} - 2a_2 \qquad\qquad d_{ki2} = d_{ka2} - 2a_1 \qquad\qquad (20)\ (21)$$

$$w_1 = \frac{d_{o2}}{2} - (c_1 + a_1) \qquad\qquad w_2 = \frac{d_{o1}}{2} - (c_2 + a_2) \qquad\qquad (22)\ (23)$$

Um die Anwendung der entwickelten Formeln zu zeigen, soll das im früheren Beispiel berechnete Getriebe noch weiter behandelt werden. Nach Berechnungstafel 7 ist für $h_1 = 1{,}34$ und für $h_2 = 0{,}66$ einzusetzen.

Berechnungstafel 8. Differenzwerte f für die Kopfhöhen h_{k1}.

Zahnbreite + Abstand $b + a$ in mm	Kegelwinkel δ_{p1}																									
	5°	6°	7°	8°	9°	10°	11°	12°	13°	14°	15°	16°	17°	18°	19°	20°	21°	22°	23°	24°	25°	26°	27°	28°	29°	30°
6	0,08	0,10	0,12	0,14	0,16	0,18	0,20	0,21	0,22	0,23	0,24	0,25	0,26	0,27	0,28	0,28	0,29	0,29	0,30	0,30	0,31	0,31	0,31	0,32	0,32	0,32
8	0,10	0,13	0,15	0,19	0,22	0,24	0,26	0,28	0,29	0,31	0,32	0,33	0,34	0,36	0,37	0,38	0,38	0,39	0,40	0,40	0,41	0,41	0,41	0,42	0,42	0,42
10	0,13	0,16	0,19	0,23	0,27	0,29	0,32	0,34	0,36	0,38	0,40	0,41	0,43	0,45	0,46	0,47	0,48	0,49	0,50	0,50	0,51	0,51	0,52	0,52	0,53	0,53
12	0,16	0,20	0,23	0,28	0,32	0,35	0,39	0,41	0,44	0,46	0,48	0,50	0,52	0,53	0,55	0,56	0,58	0,59	0,60	0,61	0,61	0,62	0,62	0,63	0,63	0,64
14	0,19	0,23	0,27	0,33	0,38	0,41	0,45	0,48	0,51	0,54	0,56	0,58	0,60	0,62	0,64	0,66	0,67	0,69	0,70	0,71	0,71	0,72	0,72	0,73	0,73	0,74
16	0,21	0,26	0,31	0,38	0,43	0,47	0,52	0,55	0,58	0,62	0,64	0,66	0,69	0,71	0,73	0,75	0,77	0,79	0,81	0,83	0,84	0,85	0,85	0,86	0,86	0,86
18	0,24	0,30	0,35	0,42	0,49	0,53	0,58	0,62	0,66	0,69	0,72	0,75	0,78	0,80	0,83	0,85	0,87	0,89	0,91	0,93	0,94	0,95	0,95	0,96	0,96	0,96
20	0,27	0,33	0,39	0,47	0,54	0,59	0,65	0,69	0,73	0,77	0,80	0,83	0,86	0,89	0,92	0,94	0,96	0,98	1,01	1,03	1,05	1,06	1,07	1,07	1,08	1,08
22	0,29	0,36	0,43	0,52	0,59	0,65	0,71	0,76	0,80	0,85	0,88	0,91	0,95	0,98	1,01	1,03	1,06	1,08	1,11	1,14	1,18	1,18	1,19	1,20	1,21	1,22
24	0,32	0,40	0,47	0,56	0,65	0,71	0,78	0,83	0,88	0,93	0,96	1,00	1,03	1,07	1,10	1,13	1,16	1,18	1,21	1,24	1,27	1,30	1,32	1,34	1,36	1,37
26	0,35	0,43	0,51	0,61	0,70	0,77	0,85	0,90	0,95	1,00	1,04	1,08	1,12	1,16	1,19	1,22	1,25	1,28	1,31	1,34	1,37	1,40	1,42	1,44	1,46	1,48
28	0,37	0,46	0,55	0,66	0,76	0,83	0,91	0,97	1,02	1,08	1,12	1,16	1,20	1,25	1,28	1,31	1,35	1,38	1,41	1,44	1,47	1,50	1,53	1,56	1,59	1,63
30	0,40	0,49	0,58	0,71	0,81	0,89	0,97	1,04	1,09	1,15	1,20	1,24	1,29	1,34	1,38	1,41	1,44	1,48	1,51	1,54	1,57	1,60	1,63	1,67	1,70	1,73
32	0,43	0,53	0,62	0,75	0,86	0,95	1,04	1,10	1,17	1,23	1,28	1,33	1,37	1,42	1,47	1,50	1,54	1,57	1,61	1,64	1,67	1,70	1,72	1,74	1,76	1,87
34	0,45	0,56	0,66	0,80	0,92	1,00	1,10	1,17	1,24	1,31	1,36	1,41	1,46	1,51	1,56	1,59	1,64	1,67	1,71	1,75	1,79	1,83	1,87	1,91	1,96	2,01
36	0,48	0,59	0,70	0,85	0,97	1,06	1,17	1,24	1,31	1,39	1,44	1,50	1,54	1,60	1,65	1,69	1,73	1,77	1,81	1,85	1,89	1,93	1,98	2,03	2,08	2,13
38	0,51	0,63	0,74	0,90	1,02	1,12	1,23	1,31	1,39	1,46	1,52	1,58	1,63	1,69	1,74	1,78	1,83	1,87	1,91	1,95	1,99	2,03	2,08	2,13	2,18	2,23
40	0,53	0,66	0,78	0,94	1,08	1,18	1,30	1,38	1,46	1,54	1,60	1,66	1,72	1,78	1,84	1,88	1,92	1,97	2,01	2,05	2,09	2,13	2,17	2,22	2,27	2,32
42	0,56	0,69	0,82	0,99	1,13	1,24	1,36	1,45	1,53	1,61	1,68	1,74	1,80	1,87	1,93	1,97	2,02	2,06	2,11	2,16	2,21	2,26	2,31	2,36	2,42	2,48
44	0,59	0,72	0,86	1,04	1,19	1,30	1,43	1,52	1,60	1,70	1,76	1,83	1,89	1,96	2,02	2,07	2,12	2,16	2,22	2,27	2,32	2,37	2,42	2,47	2,53	2,59
46	0,61	0,76	0,90	1,08	1,24	1,36	1,49	1,59	1,68	1,77	1,84	1,90	1,98	2,05	2,11	2,16	2,21	2,26	2,32	2,36	2,40	2,44	2,49	2,54	2,59	2,65
48	0,64	0,79	0,94	1,13	1,30	1,42	1,56	1,66	1,75	1,85	1,92	1,99	2,07	2,14	2,20	2,25	2,31	2,36	2,42	2,47	2,52	2,57	2,61	2,65	2,69	2,73
50	0,67	0,82	0,98	1,18	1,35	1,47	1,62	1,72	1,82	1,92	2,00	2,07	2,16	2,22	2,30	2,34	2,40	2,46	2,52	2,57	2,62	2,67	2,72	2,77	2,82	2,87
52	0,69	0,86	1,02	1,22	1,40	1,53	1,69	1,79	1,90	2,00	2,08	2,16	2,23	2,31	2,38	2,43	2,50	2,56	2,62	2,66	2,70	2,75	2,80	2,85	2,90	2,95
54	0,72	0,89	1,06	1,27	1,46	1,59	1,75	1,86	1,97	2,08	2,16	2,24	2,32	2,40	2,47	2,53	2,60	2,66	2,72	2,76	2,80	2,84	2,89	2,94	2,99	3,04
56	0,75	0,92	1,09	1,32	1,51	1,65	1,82	1,93	2,04	2,15	2,24	2,32	2,41	2,49	2,56	2,63	2,69	2,75	2,82	2,87	2,92	2,98	3,04	3,10	3,14	3,19
58	0,77	0,96	1,13	1,36	1,56	1,71	1,88	2,00	2,12	2,23	2,32	2,40	2,50	2,58	2,66	2,72	2,79	2,85	2,92	2,97	3,02	3,07	3,12	3,17	3,27	3,32
60	0,80	0,99	1,17	1,41	1,62	1,77	1,95	2,07	2,19	2,30	2,40	2,48	2,58	2,67	2,75	2,81	2,88	2,95	3,02	3,07	3,12	3,17	3,22	3,27	3,32	3,37
62	0,83	1,02	1,21	1,46	1,67	1,83	2,02	2,14	2,26	2,38	2,48	2,57	2,67	2,76	2,85	2,91	2,98	3,05	3,12	3,17	3,22	3,27	3,32	3,37	3,43	3,49
64	0,85	1,06	1,25	1,50	1,73	1,89	2,08	2,21	2,34	2,46	2,56	2,65	2,75	2,85	2,94	3,00	3,08	3,15	3,22	3,28	3,34	3,40	3,46	3,52	3,58	3,63
66	0,88	1,09	1,29	1,55	1,78	1,94	2,14	2,28	2,42	2,54	2,64	2,74	2,84	2,94	3,03	3,10	3,17	3,24	3,32	3,38	3,44	3,50	3,56	3,62	3,69	3,76
68	0,91	1,12	1,32	1,60	1,84	2,00	2,21	2,35	2,48	2,62	2,72	2,82	2,92	3,02	3,12	3,19	3,27	3,34	3,43	3,43	3,50	3,57	3,65	3,73	3,79	3,87
70	0,93	1,15	1,36	1,64	1,89	2,07	2,27	2,42	2,55	2,70	2,80	2,90	3,01	3,11	3,21	3,28	3,37	3,44	3,53	3,53	3,60	3,67	3,75	3,83	3,91	3,99
72	0,96	1,19	1,40	1,69	1,94	2,12	2,33	2,48	2,62	2,77	2,88	2,99	3,10	3,20	3,30	3,37	3,46	3,54	3,63	3,63	3,70	3,77	3,84	3,92	4,00	4,08
74	0,99	1,22	1,44	1,74	2,00	2,18	2,40	2,55	2,70	2,85	2,96	3,07	3,19	3,29	3,40	3,47	3,56	3,63	3,73	3,73	3,73	3,81	3,90	3,99	4,08	4,17
76	1,01	1,25	1,48	1,78	2,05	2,24	2,46	2,62	2,77	2,92	3,04	3,15	3,27	3,38	3,49	3,56	3,66	3,73	3,83	3,90	3,97	4,03	4,09	4,15	4,20	4,25

Der Wert f nach Berechnungstafel 8 beträgt für $b + g = 43$ bei $\delta_{p1} = 12°$ abgerundet 1,5. Somit wird nach Gleichung (10) und (11) $h_{k1} = 5,2$ mm und $h_{k2} = 4,8$ mm; h_{k1} und h_{k2} müssen zusammen $2m_n = 10$ mm ergeben, was zutrifft. Die weitere Rechnung benutzt nun die beiden Größen $\sin\delta_{p1} = 0,2079$; $\cos\delta_{p1} = 0,97815$ und bietet ebenfalls keinerlei Schwierigkeiten. Sie liefert nunmehr die für die Ausführung erforderlichen Abmessungen der Räder nach Bild 23.

c) Berechnung der Abmessungen
bei einem Achsenwinkel δ größer oder kleiner als 90°.

Die Räder mit $\delta \lessgtr 90°$ werden im wesentlichen nach den im Vorstehenden erläuterten Regeln berechnet, so daß bei dem folgenden Rechnungsgang nur dort Erläuterungen eingeschaltet sind, wo gewisse Abweichungen bestehen.

Hauptabmessungen. Wie bei den Rädern mit rechtwinklig sich schneidenden Achsen geht man auch bei Rädern mit $\delta \lessgtr 90°$ von dem angenommenen Normalmodul m_n, dem Übersetzungsverhältnis i und der Zähnezahl des kleinen Rades z_1 aus. Gleichungen (1) und (2) gelten unverändert. Von der Vereinfachung, die Kegelwinkel nach Tafeln zu bestimmen, wird jedoch hier kein Gebrauch gemacht, vielmehr werden in jedem Fall die sich aus dem Übersetzungsverhältnis

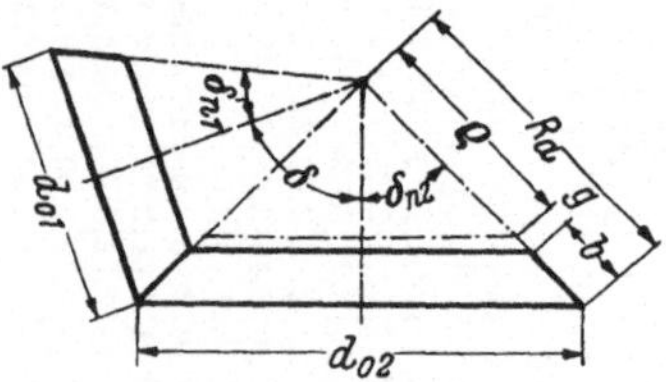

Bild 24. Rechengrößen für die Kegelradberechnung bei δ größer oder kleiner als 90°.

ergebenden Kegelwinkel $\delta_{n1,2}$ errechnet und darauf durch Vergrößerung oder Verkleinerung um eine vorgeschriebene Winkelveränderung w_k in die für die weitere Rechnung maßgebenden Winkel δ_{p1} und δ_{p2} abgeändert.

Mit den in Bild 24 eingetragenen Zeichen ist

bei $\delta > 90°$

$$\operatorname{ctg}\delta_{n1} = \frac{i}{\sin(180° - \delta)} - \operatorname{ctg}(180° - \delta), \qquad (24)$$

$$\operatorname{ctg}\delta_{n2} = \frac{1}{i \cdot \sin(180° - \delta)} - \operatorname{ctg}(180° - \delta), \qquad (25)$$

bei $\delta < 90°$

$$\operatorname{ctg}\delta_{n1} = \frac{i}{\sin\delta} + \operatorname{ctg}\delta, \qquad (26)$$

$$\operatorname{ctg}\delta_{n2} = \frac{1}{i \sin\delta} + \operatorname{ctg}\delta. \qquad (27)$$

Die für die weitere Berechnung maßgebenden Kegelwinkel δ_{p1} und δ_{p2} sind

$$\delta_{p1} = \delta_{n1} - w_k, \qquad \delta_{p2} = \delta_{n2} + w_k. \qquad (28)\ (29)$$

Die auf Grund von Erfahrungen ermittelten Werte für w_k sind aus Berechnungstafel 9 zu entnehmen.

Die Winkel δ_{p1} und δ_{p2} werden auf ganze oder halbe Grade abgerundet, derart, daß die der Gleichung (3) entsprechende Bedingung

$$\delta_{p1} + \delta_{p2} = \delta, \qquad \delta_{p2} = \delta - \delta_{p1} \qquad (30,\ 31)$$

erfüllt ist. Die weitere Berechnung der Hauptabmessungen stimmt mit der Berechnung bei $\delta = 90°$ überein.

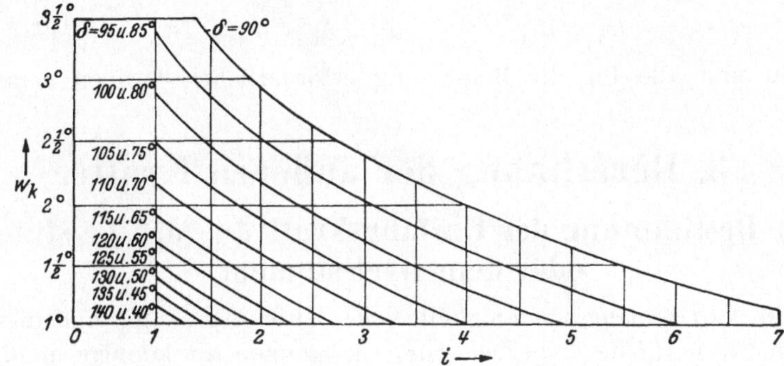

Berechnungstafel 9. Winkelveränderung w_k bei Getrieben mit Achsenwinkel $\delta \gtrless 90°$.

Drehmaße. Bei der Ermittlung der Zahnkopfhöhen h_{k1} bzw. h_{k2} sind für Kegelräder mit einem Achsenwinkel von $90°$ in Berechnungstafel 8 auf Erfahrung aufgebaute Werte f angegeben. Ähnliche Tafeln für $\delta \lessgtr 90°$ zusammenzustellen, würde mit Rücksicht auf die große Zahl der vorkommenden Kegelwinkel zu weit führen.

Statt dessen kann hier mit einer diesem Wert entsprechenden Größe p gerechnet werden. Diese ist

$$p = (b + g) \sin w_k. \qquad (32)$$

In sinngemäßer Abänderung von Gleichung (10) und (11) für die Zahnkopfhöhen ist:

$$h_{k1} = h_1 \cdot m_n - p, \qquad (33)$$
$$h_{k2} = 2 \cdot m_n - h_{k1}. \qquad (34)$$

Auch hier h_{k1} niemals kleiner als m_n einsetzen.

Die Erfahrungswerte h_1 und h_2 werden wiederum den Tafeln 5 bis 7 entnommen. Nun lassen sich die weiteren Drehmaße unter Benutzung der Bild 23 entnommenen Zeichen wie folgt bestimmen:

$$a_1 = b \cdot \cos \delta_{p1} \qquad\qquad a_2 = b \cdot \cos \delta_{p2} \qquad (35)\ (36)$$

$$k_1 = h_{k1} \cdot \cos \delta_{p1} \qquad\qquad k_2 = h_{k2} \cdot \cos \delta_{p2} \qquad (37)\ (38)$$

$$c_1 = h_{k1} \cdot \sin \delta_{p1} \qquad\qquad c_2 = h_{k2} \cdot \sin \delta_{p2} \qquad (39)\ (40)$$

$$d_{ka1} = d_{o1} + 2 k_1 \qquad\qquad d_{ka2} = d_{o2} + 2 k_2 \qquad (41)\ (42)$$

$$d_{ki1} = d_{ka1} - (2 b \sin \delta_{p1}) \qquad d_{ki2} = d_{ka2} - (2 b \sin \delta_{p2}) \qquad (43)\ (44)$$

$$h_1 = \frac{d_{o1}}{2} \cdot \operatorname{ctg} \delta_{n1} \qquad\qquad h_2 = \frac{d_{o2}}{2} \cdot \operatorname{ctg} \delta_{n2} \qquad (45)\ (46)$$

$$w_1 = h_1 - (c_1 + a_1) \qquad\qquad w_2 = h_2 - (c_2 + a_2) \qquad (47)\ (48)$$

Damit sind alle für die Bemessung erforderlichen Größen gegeben.

3. Berechnung der äußeren Kräfte.

a) Bestimmung der Umfangskraft aus der Leistung oder dem Drehmoment.

Um die Übertragungsfähigkeit eines Zahnrades prüfen und die von ihm hervorgerufene Lagerbelastung bestimmen zu können, muß die am Teilkreis d_o des Rades wirkende Umfangskraft P_u bekannt sein. Bei Kegelrädern wird an Stelle des Teilkreisdurchmessers d_o der mittlere Teilkreisdurchmesser d_m bzw. der mittlere Halbmesser r_m eingesetzt.

Die Umfangskraft P_u bestimmt man je nach den vorliegenden Angaben entweder aus der Leistung N in Pferdestärken PS und der minutlichen Drehzahl n nach den Gleichungen:

$$P_u = \frac{75 \cdot N}{v}, \qquad v = \frac{d_m \cdot n}{19100} \qquad (49)\ (50)$$

(v = Umfangsgeschwindigkeit in m/sek)

oder aus dem Drehmoment M:

$$P_u = \frac{2 \cdot M}{d_m}. \qquad (51)$$

Es ist darauf zu achten, daß M meist in cm · kg oder bei großen Drehmomenten in m · kg angegeben wird, während d_m aus den Zeichnungen in mm vorliegt. Die mm-Werte sind vor dem Einsetzen in die Einheit des Drehmomentes umzuwandeln.

Zwischen der Leistung N, der Drehzahl n und dem in cm · kg angegebenen Drehmoment besteht die Beziehung:

$$M = 71\,620 \cdot \frac{N}{n}. \tag{52}$$

b) Ableitung der einzelnen Kräfte.

Bei der Kräfteberechnung geht man davon aus, daß die zu übertragende Kraft in einem mittleren Punkt der Zahnoberfläche angreift. Bild 25 zeigt die Kräfteverhältnisse für die Flanke I. Die senkrecht zur Zahnoberfläche wirkende Kraft P_z kann in die senkrecht zur Zahnlängslinie und tangential zum Teilkegelmantel wirkende Kraft P_n, sowie in die senkrecht zum Teilkegelmantel wirkende Kraft P_t zerlegt werden. P_n kann wiederum zerlegt werden in die Umfangskraft P_u und eine in Richtung der Kegelmantellinie liegende Komponente P_s. Die Kräfte P_t und P_s können in einer Resultierenden R zusammengefaßt werden. Dann ist die in Richtung der Achse wirkende Kraft die für die axiale Lagerbelastung maßgebende Axialkraft P_a.

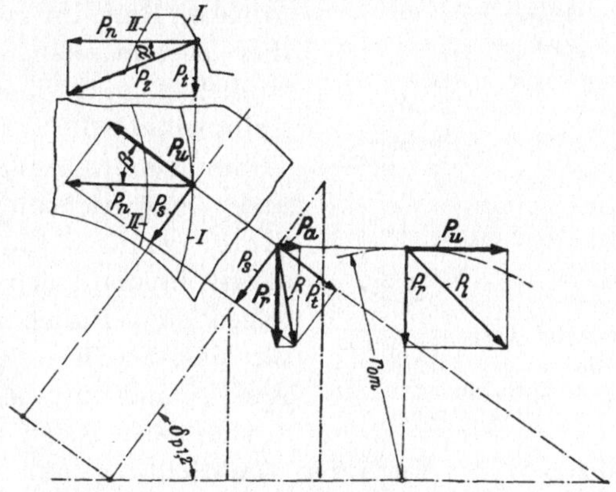

Bild 25. An der gewölbten Flanke I eines Spiralkegelrades wirkende Kräfte.

Mit den oben besprochenen, in Bild 25 eingesetzten Zeichen ist für die Flanke I:

$$P_t = P_n \cdot \operatorname{tg} \alpha = \frac{P_u \cdot \operatorname{tg} \alpha}{\cos \beta},$$

$$P_s = P_u \cdot \operatorname{tg} \beta,$$

$$P_a = P_t \cdot \sin \delta - P_s \cdot \cos \delta \quad \text{und umgeformt}$$

$$P_a = P_u \cdot \left(\operatorname{tg} \alpha \cdot \frac{\sin \delta}{\cos \beta} - \operatorname{tg} \beta \cdot \cos \delta \right),$$

$$P_r = P_u \cdot \cos \delta + P_s \cdot \sin \delta \quad \text{und umgeformt}$$

$$P_r = P_u \cdot \left(\operatorname{tg} \alpha \cdot \frac{\cos \delta}{\cos \beta} + \operatorname{tg} \beta \cdot \sin \delta \right).$$

Für die Flanke II ist statt β : $-\beta$ einzusetzen. Man erhält dann auf die gleiche Weise:

$$P_a = P_u \left(\operatorname{tg} \alpha \cdot \frac{\sin \delta}{\cos \beta} + \operatorname{tg} \beta \cdot \cos \delta \right),$$

$$P_r = P_u \left(\operatorname{tg} \alpha \cdot \frac{\cos \delta}{\cos \beta} - \operatorname{tg} \beta \cdot \sin \delta \right).$$

c) Berechnung der Axialkraft und der Radialkraft.

Wie aus den Ableitungen des voraufgehenden Abschnittes hervorgeht, ist die Größe der Axialkraft P_{a1} für das kleinere und P_{a2} für das größere Rad im wesentlichen abhängig von den Kegelwinkeln δ_{p1}, δ_{p2}, dem Eingriffswinkel α und dem Spiralwinkel β.

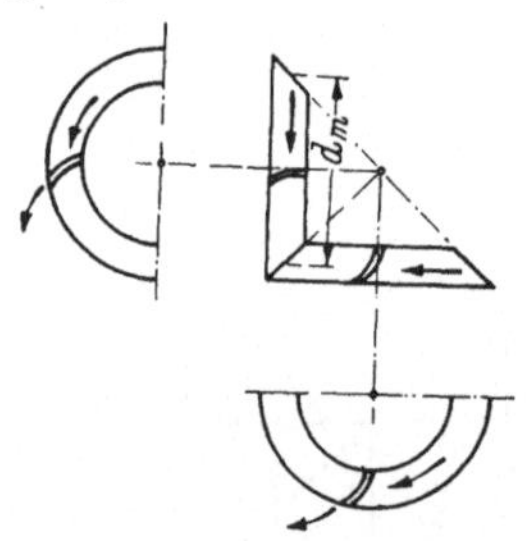

Bild 26. Abhängigkeit der Richtung des Axialschubes von der Drehrichtung und der Spiralrichtung.

Sind Drehrichtung und Spiralrichtung gleich, wie in Bild 26, so ist in den nachfolgenden Formeln für das treibende Rad + und für das getriebene Rad −

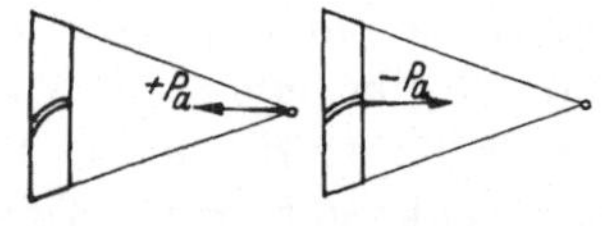

Bild 27 u. 28.

Bild 27. Von der Kegelspitze weg gerichteter Axialschub erhält das Vorzeichen +.

Bild 28. Auf die Kegelspitze zu gerichteter Axialschub erhält das Vorzeichen −.

einzusetzen. Verlaufen Drehrichtung und Spiralrichtung entgegengesetzt, so ist für das treibende Rad − und für das getriebene Rad + einzusetzen.

Hat das Ergebnis der Rechnung das Vorzeichen +, so ist die Axialkraft von der Kegelspitze weg gerichtet (Bild 27). Ergibt die Rechnung das Vorzeichen −, so verläuft die Axialkraft auf die Kegelspitze zu (Bild 28).

Die Axialkraft beträgt für das kleinere Rad:

$$P_{a1} = P_u \left(\operatorname{tg} \alpha \cdot \frac{\sin \delta_{p1}}{\cos \beta_r} \pm \operatorname{tg} \beta_r \cdot \cos \delta_{p1} \right) \tag{53}$$

und für das größere Rad:

$$P_{a2} = P_u \cdot \left(\operatorname{tg} \alpha \cdot \frac{\sin \delta_{p2}}{\cos \beta_r} \pm \operatorname{tg} \beta_r \cdot \cos \delta_{p2} \right). \tag{54}$$

Der Winkel β_r wird errechnet aus dem mittleren Spiralwinkel β_m, multipliziert mit einem Faktor φ, der den die Axialkraft vermindernden Reibungswiderstand und das Wandern des Tragbildes unter Last in Zonen mit kleinerem Spiralwinkel berücksichtigt und auf Grund praktischer Erfahrungen festgelegt wurde. β_m ist ausreichend genau: $\cos\beta_m = \dfrac{m_n \cdot z_1}{d_{m1}}$. Die Werte $\beta_r = \varphi \cdot \beta_m$ können der Berechnungstafel 10 entnommen werden, und zwar in Abhängigkeit von dem Völligkeitsgrad b/R_a.

Aus der Berechnungstafel 11 können die auftretenden Axialkräfte leicht nach der Gleichung $P_a = P_u \cdot \mathrm{tg}\,\tau$ errechnet werden.

Die Bestimmung der Radialkraft ist bei Kegelrädern mit sich rechtwinklig schneidenden Achsen, wie sie zumeist vorkommen, insofern sehr einfach, als hierbei die Axialkraft des einen Rades für das Gegenrad als Radialkraft eingesetzt werden kann. Eine besondere Rechnung ist also nicht erforderlich.

Beispiel:

Zu einem Getriebe mit folgenden Abmessungen wird der Axialschub berechnet:

$$R_a = 122, \quad b = 32, \quad \delta_{p1} = 12°,$$
$$\delta_{p2} = 78°, \quad \alpha = 20°, \quad P_u' = 670 \text{ kg.}$$

Als treibend wird das kleine Rad angenommen. Es werden dabei beide möglichen Fälle berechnet, nämlich:

1. Spiralrichtung und Drehrichtung stimmen überein.

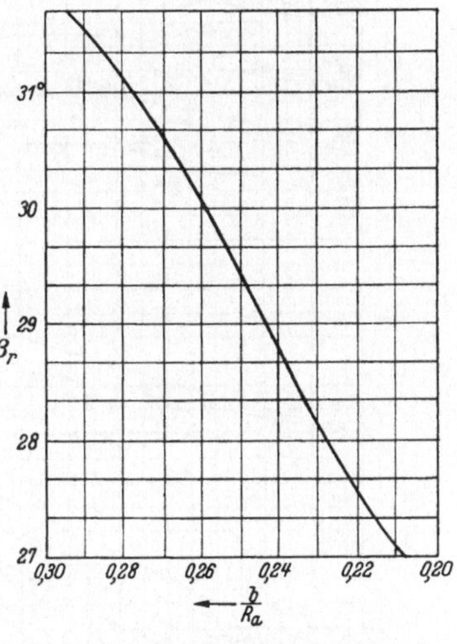

Berechnungstafel 10.   Spiralwinkel β_r für die Axialkraftberechnung.

2. Spiralrichtung und Drehrichtung verlaufen entgegengesetzt.

$$\mathrm{tg}\,\alpha = 0{,}364, \quad \sin\delta_{p1} = 0{,}208, \quad \cos\delta_{p1} = 0{,}978, \quad \mathrm{tg}\,\beta_r = 0{,}581,$$
$$\cos\beta_r = 0{,}865, \quad \beta_r = 30°\,15'.$$

Gleichung (53)
$$P_{a1} = P_u \cdot \left(0{,}364 \cdot \frac{0{,}208}{0{,}865} \pm 0{,}581 \cdot 0{,}978\right),$$
$$P_{a1} = P_u \cdot (0{,}088 \pm 0{,}568),$$

Gleichung (54)
$$P_{a2} = P_u \cdot \left(0{,}364 \cdot \frac{0{,}978}{0{,}865} \pm 0{,}581 \cdot 0{,}208\right),$$
$$P_{a2} = P_u \cdot (0{,}412 \pm 0{,}12).$$

1. Drehrichtung und Spiralrichtung stimmen überein.
$$P_{a1} = P_u \cdot (0{,}088 + 0{,}568) = P_u \cdot (+0{,}66) = 442 \text{ kg,}$$
$$P_{a2} = P_u \cdot (0{,}412 - 0{,}12) = P_u \cdot (+0{,}29) = 192 \text{ kg.}$$

Bestimmung des Axialschubes für den Fall 1 (Spiralrichtung und Drehrichtung stimmen beim treibenden Rad überein) nach Berechnungstafel 11.

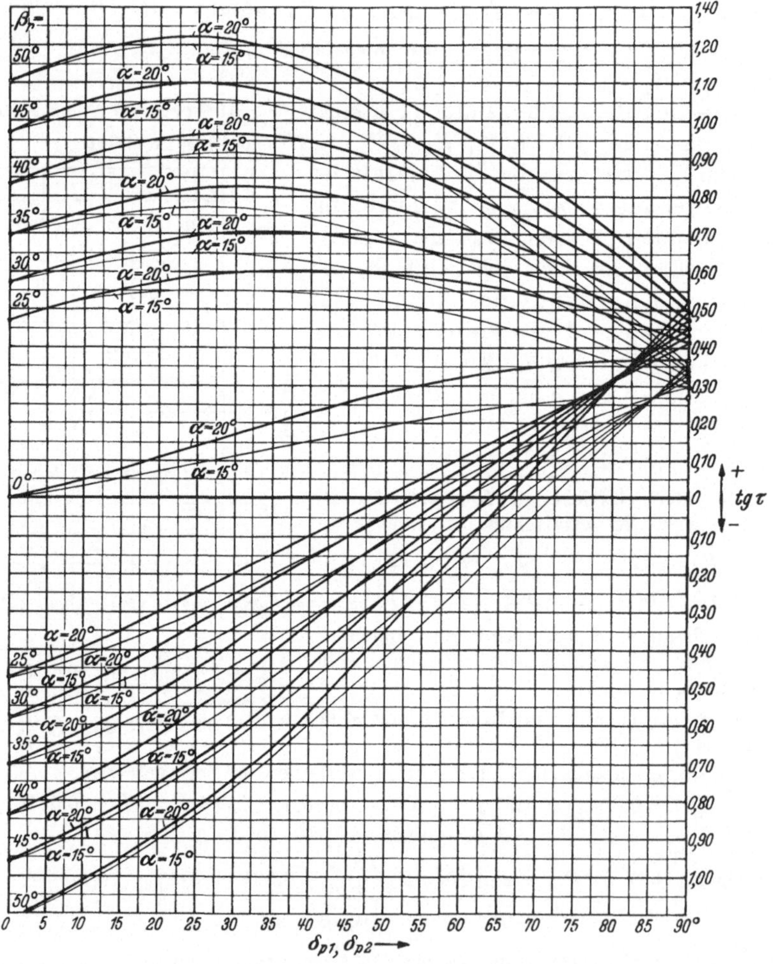

Berechnungstafel 11. Größe der Axialkraft in Abhängigkeit vom Eingriffs-, Spiral- und Kegelwinkel.

Anmerkung. Sind Drehrichtung und Spiralrichtung gleich (wie in Bild 26), so gilt in Tafel 11 für das treibende Rad die obere und das getriebene Rad die untere Kurvenschar. — Verlaufen Drehrichtung und Spiralrichtung entgegengesetzt, so gilt in Tafel 11 für das treibende Rad die untere und das getriebene Rad die obere Kurvenschar.

P_{a1} = Tafelwert der oberen Kurvenschar von

$$\beta_r = 30^\circ 15', \qquad \alpha = 20^\circ, \qquad \delta_{p1} = 12^\circ: \qquad \operatorname{tg}\tau = +0{,}66 .$$

$P_{a1} = P_u \cdot \operatorname{tg}\tau = 670 \cdot 0{,}66 = 442 \text{ kg} .$

P_{a2} = Tafelwert der unteren Kurvenschar von

$$\beta_r = 30^\circ 15', \qquad \alpha = 20^\circ, \qquad \delta_{p2} = 78^\circ: \qquad \operatorname{tg}\tau = +0{,}29 .$$

$P_{a2} = P_u \cdot \operatorname{tg}\tau = 670 \cdot 0{,}29 = 192 \text{ kg} .$

2. Drehrichtung und Spiralrichtung verlaufen entgegengesetzt.

$$P_{a1} = P_u \cdot (0{,}088 - 0{,}568) = P_u \cdot (-0{,}48) - 322 \text{ kg} ,$$
$$P_{a2} = P_u \cdot (0{,}412 + 0{,}12) = P_u \cdot (+0{,}53) + 355 \text{ kg} .$$

Bestimmung des Axialschubes für den Fall 2 (Spiralrichtung und Drehrichtung sind beim treibenden Rad entgegengesetzt) nach Berechnungstafel 11.

P_{a1} = Tafelwerte der unteren Kurvenschar von

$$\beta_r = 30^\circ 15', \qquad \alpha = 20^\circ, \qquad \delta_{p1} = 12^\circ: \qquad \operatorname{tg}\tau = -0{,}48 .$$

$P_{a1} = P_u \cdot \operatorname{tg}\tau = 670 \cdot 0{,}48 = 322 \text{ kg} .$

P_{a2} = Tafelwerte der oberen Kurvenschar von

$$\beta_r = 30^\circ 15 \cdot, \qquad \alpha = 20^\circ, \qquad \delta_{p2} = 78^\circ: \qquad \operatorname{tg}\tau = +0{,}53 .$$

$P_{a2} = P_u \cdot \operatorname{tg}\tau = 670 \cdot 0{,}53 = 355 \text{ kg} .$

d) Ermittlung der Lagerbelastungen.

Bei Spiralkegelrädern unterscheidet man drei äußere Kräftewirkungen:

1. Die in tangentialer Richtung wirkende Umfangskraft P_u [bestimmt durch die Gleichungen (49), (51)].

2. Die in radialer Richtung wirkende Kraft P_r (bei Achsenwinkeln $= 90^\circ$ bestimmt durch die Axialkraft des Gegenrades).

3. Die in axialer Richtung wirkende Kraft P_a [bestimmt durch die Gleichungen (53), (54)].

Bild 29. Fliegend gelagertes Spiralkegelrad.

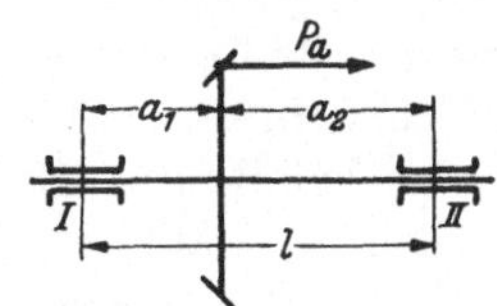

Bild 30. Spiralkegelrad zwischen zwei Lagern.

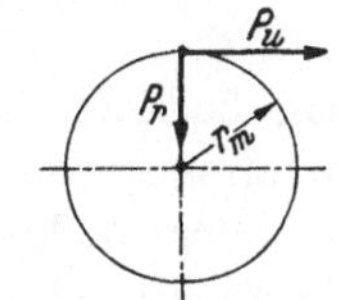

Bild 31. Seitenansicht zu Bild 29 und 30.

Die an den Spiralkegelrädern wirkenden Axialkräfte entsprechen nach Größe und Richtung unmittelbar den axialen Lagerbelastungen.

Sie können deshalb ohne Zwischenrechnung eingesetzt werden. Die radiale Lagerbelastung ist aus den drei Einzelkräften zu errechnen.

Bezeichnet man die beiden einem Kegelrad zugeordneten Lager mit I und II, so ist mit den in den Bildern 29 bis 31 eingetragenen Zeichen die radiale Belastung aus den einzelnen Kräften:

Lager I Lager II

$$P_{I\,a} = P_a \cdot \frac{r_m}{1}\,, \qquad\qquad P_{II\,a} = P_a \cdot \frac{r_m}{1}\,,$$

$$P_{I\,r} = P_r \cdot \frac{a_2}{1}\,, \qquad\qquad P_{II\,r} = P_r \cdot \frac{a_1}{1}\,,$$

$$P_{I\,u} = P_u \cdot \frac{a_2}{1}\,, \qquad\qquad P_{II\,u} = P_u \cdot \frac{a_1}{1}\,.$$

Aus diesen Einzelkräften wird die resultierende Gesamtlagerbelastung bestimmt:

$$P_{I,II} = \sqrt{P_{I,II\,u}^2 + (P_{I,II\,r} \pm P_{I,II\,a})^2}\,. \tag{55}$$

Ist die durch die Radialbelastung bestimmte Belastung des Lagers mit der aus der Hebelwirkung der Axialkraft sich ergebenden zusätzlichen Radialbelastung des Lagers gleichgerichtet, so ist in das Klammerglied das Vorzeichen $+$, und ist sie entgegengesetzt, — einzusetzen. Die Richtung dieser beiden Kräfte wird zweckmäßig durch eine Zeichnung festgestellt.

Wirken auf die das Spiralkegelrad tragenden Lager noch andere Elemente, z. B. noch ein zweites Zahnrad, so sind die von diesem ausgeübten Lagerbelastungen natürlich der hier ermittelten zuzurechnen.

In vielen Fällen werden die gleichen Wälzlager durch die Spiralkegelräder sowohl in radialer als auch in axialer Richtung belastet. Dann ist mit einer ideellen Lagerbelastung i zu rechnen, für die die einzelnen Wälzlagerfabriken entsprechende Formeln angeben. Eine solche Formel lautet z. B.:

$$P_{i\,I,II} = x(P_{I,II} + y \cdot P_a)\,. \tag{56}$$

Darin bedeutet x eine Kennzahl für die Belastungsart und y einen Umrechnungsfaktor für die Axialkraft. Beide Kräfte sind nach Angaben der Wälzlagerfabriken zu wählen. Nachfolgend werden einige y-Werte aus einem Katalog der Vereinigten Kugellagerfabriken AG. zusammengestellt. Auch in den Druckschriften von Kugelfischer, Schweinfurt, finden sich diesbezügliche Hinweise. Die Zusammenstellung ist deshalb aufschlußreich, weil sie, ohne den Zahlenwerten selbst eine feste Bedeutung zu geben, — diese sind nur als Richtwerte

aufzufassen — Aufschluß darüber gibt, wie man die Eignung der Wälz-
lagerarten für die Aufnahme axialer Belastungen feststellen kann.

Berechnungstafel 12. Zusammengefaßte Werte für y.

Lagerart	y
Pendelkugellager	1,5 bis 4,5
Radiaxlager	1 bis 1,5
Sachslager einreihig und zweireihig	3
Schulterkugellager	2
Zylinderrollenlager	Angabe nur nach Kenntnis der Betriebsverhältnisse möglich
Pendelrollenlager	2 bis 3
Kegelrollenlager	0,5 bis 1,2

Diese Aufstellung lehrt, daß man Pendelkugellager und Zylinderrollenlager möglichst nicht zur Aufnahme größerer axialer Belastungen
heranziehen sollte. Am günstigsten sind vom Standpunkt der Tragfähigkeit die Kegelrollenlager.

<h3 align="center">Beispiel:</h3>

Es sollen die Lagerbelastungen für eine Anordnung gemäß Bild 29 berechnet
werden.

Gegeben: $\qquad P_u = 670$ kg, $\quad P_a = 442$ kg, $\quad P_r = 192$ kg,

$\qquad r_m = 27$ mm, $\quad a_1 = 50$ mm, $\quad l = 100$ mm, $\quad a_2 = 150$ mm.

Setzt man die gegebenen Werte in die auf Seite 28 wiedergegebenen Gleichungen, so ist:

$$P_{Ia} = 119 \text{ kg}, \qquad P_{IIa} = 119 \text{ kg},$$
$$P_{Ir} = 288 \text{ kg}, \qquad P_{IIr} = 96 \text{ kg},$$
$$P_{Iu} = 663 \text{ kg}, \qquad P_{IIu} = 221 \text{ kg}.$$

Aus diesen Einzelkräften berechnet man die resultierende Gesamtlagerbelastung:

$$P_I = \sqrt{663^2 + (288 - 119)^2} = 684 \text{ kg},$$
$$P_{II} = \sqrt{221^2 + (92 - 119)^2} = 222 \text{ kg}.$$

4. Berechnung der Tragfähigkeit.

Bei einer Überanstrengung der Räder treten entweder Zahnbrüche
oder übermäßige Abnutzungserscheinungen auf. Dementsprechend
muß eine Nachprüfung der Tragfähigkeit unter dem Gesichtspunkt
der Biegebeanspruchung und der Abnutzungsbeanspruchung erfolgen.

Im folgenden werden zwei Berechnungsarten zur Bestimmung der Biegungsbeanspruchung, nämlich eine von der bekannten Bachschen Gleichung abgeleitete Formel und eine unter dem Namen Lewis-Gleichung bekannte Formel angegeben.

Eine dritte Berechnungsart berücksichtigt die Abnutzungsbeanspruchung, und zwar geht sie von der sog. Hertzschen Gleichung aus, berücksichtigt also die Walzenpressung und in der hier wiedergegebenen, von Prof. Niemann entwickelten Form außerdem auch die Lebensdauer.

Ihrem Aufbau nach ist die zunächst genannte, von der Bachschen Formel abgeleitete Rechnung eine reine Festigkeitsberechnung. Die dazu angegebenen Konstanten berücksichtigen aber auch die Umfangsgeschwindigkeit und damit in gewissen Grenzen ebenfalls die Abnutzung. Für die Berechnung langsam laufender Räder reicht diese Rechnungsart im allgemeinen aus.

Räder mit nur wenigen Zähnen werden zur größeren Sicherheit noch mit der Lewis-Gleichung nachgerechnet. Schnell laufende Räder werden zweckmäßig zunächst ebenfalls nach Bach oder Lewis berechnet und dann mittels der Lebensdauerformel nachgeprüft.

Man muß sich bei der Berechnung der Tragfähigkeit von Zahnrädern grundsätzlich klar darüber sein, wie weit die errechnete Tragfähigkeit mit der praktisch vorhandenen übereinstimmen kann. Von den zahlreichen, die Tragfähigkeit beeinflussenden Faktoren berücksichtigen die einen Formeln diese, die anderen jene mehr. Alle aber nehmen in einem solchen Maß Vereinfachungen vor, daß keine wirklichen Anspruch auf Vollständigkeit machen kann. Jedem Verzahnungsfachmann werden Fälle begegnen, in denen ein Getriebe nach der Rechnung überlastet ist und in einer praktischen Ausführung auch wirklich Überlastungserscheinungen zeigt, und daß das gleiche Getriebe an einer zweiten Stelle vollauf befriedigt. Dieses unterschiedliche Verhalten ist zumeist nicht in dem betreffenden Zahnradpaar, sondern in den Eigenschaften des gesamten Getriebes, z. B. in der Art der Lagergestaltung und der Werkstattarbeit, in der die Lager ausgeführt sind, begründet. Hier bietet ein Mittel praktisch die beste und einfachste Hilfe: der Vergleich. Es werden unter ähnlichen Bedingungen praktisch bewährte Getriebe zum Vergleich herangezogen, indem die nach der einen oder anderen Formel errechnete Übertragungsfähigkeit mit der wirklichen Übertragungsfähigkeit verglichen wird.

a) Biegungsbeanspruchung nach der Bachschen Formel.

Die Bachsche Formel lautet in ihrer ursprünglichen Form: $P = c \cdot b \cdot t$. Hierbei bedeuten P die an der Zahnkopfkante wirkend angenommene Umfangskraft, b die Zahnbreite, t die Teilung in cm und c nach dem Werkstoff bemessene Tafelwerte.

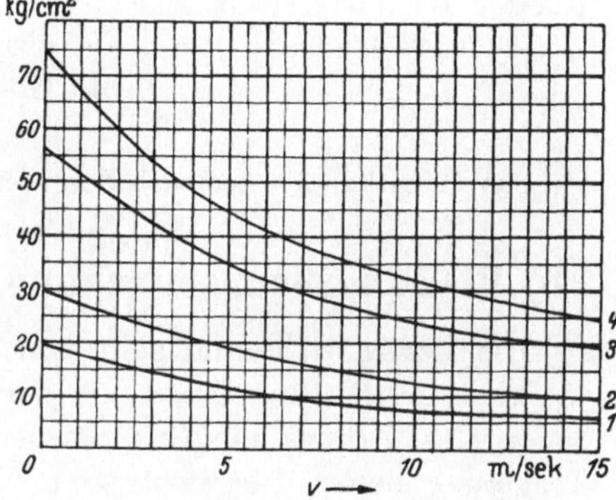

Berechnungstafel 13. Belastungswerte c in kg/cm² für ungehärtete Palloid-Spiralkegelräder.

Kurve *1*: a) für Gußeisen auf Gußeisen oder Hartgewebe, trockenlaufend.
b) SM-Stahl 60—70 kg/cm² auf Gußeisen trockenlaufend.

Kurve *2*: Werkstoffe wie unter *1*, in Öl laufend

Kurve *3*: SM-Stahl 70—80 kg/cm² auf Stahlguß in Öl laufend.

Kurve *4*: SM-Stahl 70—80 kg/cm² auf SM-Stahl 60—70 kg/cm² in Öl laufend.

Die angegebenen Werte gelten für Dauerbetrieb; bei vorübergehender Höchstbelastung können sie, sofern das kleinere Rad aus SM-Stahl besteht, um 10% bis 50% überschritten werden.

Berechnungstafel 14. Belastungswerte c in kg/cm² für gehärtete Palloid-Spiralkegelräder, in Öl laufend.

Kurve *1*: Cr-Ölhärtestahl gehärtet auf Stahlformguß ungehärtet.

Kurve *2*: Cr-Ölhärtestahl gehärtet auf SM-Stahl 60—70 kg/cm² ungehärtet.

Kurve *3*: Cr-Ni-Einsatzstahl ECN 35 ECMo 80 auf Cr-Ölhärtestahl, beide gehärtet.

Kurve *4*: Cr-Ni-Einsatzstahl ECN 45 oder ECMo 100 auf Cr-Ni-Einsatzstahl ECN 35 oder ECMo 80, beide gehärtet.

Die angegebenen Werte gelten für Dauerbetrieb; bei vorübergehender Höchstbelastung können sie um folgende Hundertsätze überschritten werden: Kurve *1* = 35%, Kurve *2* = 90%, Kurve *3* = 40%, Kurve *4* = 50%, Kurve *4* für Automobilbau = 275%.

Für Palloid-Spiralkegelräder wird die Bachsche Gleichung in folgender Form verwandt:

$$P_u = \frac{m_n \cdot b \cdot c}{10}. \tag{57}$$

b in mm einsetzen, c den Berechnungstafeln 13 und 14 entnehmen.

Beispiel:

Ein Getriebe aus gehärteten, in Öl laufenden Cr-Ni-Einsatzstahlrädern (ECMO 80) wird auf Biegungsbeanspruchung geprüft.

Gegeben: $d_m = 54$, $m_n = 4$, $b = 32$, $n = 1000$, $N = 25$ PS.

Nach Gleichung (49) und (50) ist

$$v = 2,8 \text{ m/sek}, \quad P_u = 670 \text{ kg}.$$

Der in die Bachsche Formel einzusetzende c-Wert ist nach Berechnungstafel 14, Kurve 4 für $v = 2,8 = 55$ kg/cm².

Dann beträgt nach Formel (57) die zulässige Umfangskraft:

$$P_u = \frac{4 \cdot 32 \cdot 55}{10} = 704 \text{ kg}.$$

Das Getriebe hält demnach den auftretenden Beanspruchungen stand.

b) Biegungsbeanspruchung nach der Lewis-Gleichung.

Die Lewis-Gleichung geht von der Erkenntnis aus, daß die Tragfähigkeit eines Radzahnes mit der Tragfähigkeit eines von den Umrissen des Zahnes eingeschlossenen parabolischen Profils, also eines Trägers gleicher Biegefestigkeit, verglichen werden kann. Wie die Parabel in den Zahn eingezeichnet wird, läßt Bild 32 erkennen. Der Scheitel der Parabel liegt im Schnittpunkt der Wirkungslinie des Zahndruckes P_z mit der Symmetrielinie des Zahnes. In den Berührungspunkten der Parabel mit den Zahnflanken liegt der höchstbeanspruchte Querschnitt des Zahnes. Seine Breite ist S_f.

Theoretisch genau müßte als Biegungsbeanspruchung die am Zahnkopf wirkende Kraft P', nämlich $P' = P_z \cdot \cos(\alpha + \gamma)$ eingesetzt werden. In der Regel setzt man aber die Umfangskraft P_u ein, weil mit ausreichender Genauigkeit $P' = P_u = P_z \cdot \cos\alpha$ angenommen werden kann.

Bei der Ableitung der Lewis-Gleichung geht man von der Formel eines Trägers gleicher Biegungsfestigkeit aus:

$$P_u \cdot l = \frac{b \cdot S_f^2 \cdot \sigma_b}{6}.$$

Die Fußstärke S_f und die wirksame Zahnhöhe l kann auch in Abhängigkeit von der Teilung t angegeben werden: $S_f = \varphi \cdot t$ und $l = \psi \cdot t$.

Die vorstehende Gleichung nimmt dann die Form an: $P_u = \sigma_b \cdot b \cdot t \cdot \dfrac{\varphi^2}{\psi}$.
Die Werte φ und ψ können zeichnerisch ermittelt werden.

Durch den Punkt C des rechtwinkligen Dreiecks ABC (Bild 32) wird eine Strecke x bestimmt. Nach dem Höhensatz ist: $S_f^2/4 = x \cdot 1$. Der Bruch in der vorstehenden Gleichung bekommt dann den Wert:

$$\frac{q^2}{6 \cdot \psi} = \frac{2 \cdot x}{3 \cdot t} = y \, .$$

y heißt der Zahnformfaktor. Er ist, wie die linke Seite der vorstehenden Gleichung zeigt, grundsätzlich unabhängig von der Teilung und nur von der Zahnform bestimmt.

Durch die Einführung von y erhält die ursprüngliche Gleichung dann die Form

$$P_u = \sigma_b \cdot b \cdot t \cdot y \, .$$

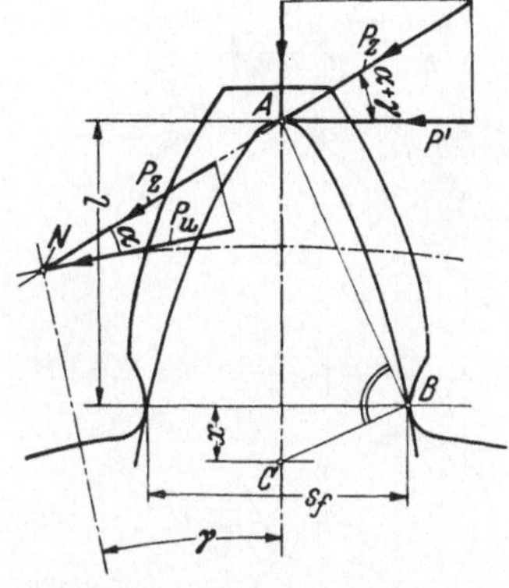

Bild 32. Vergleich eines Zahnes mit einem Träger gleicher Biegefestigkeit.

Diese Gleichung gilt für Geradzahn-Stirnräder, also für Räder, bei denen die Umfangskraft P_u senkrecht zum Zahn wirkt. Bei Palloid-Spiralkegelrädern ist die senkrecht zur Längsrichtung des Zahnes wirkende, für die Biegungsbeanspruchung maßgebende Kraft $P_a = P_u/\cos\beta_m$. Außerdem ist zu berücksichtigen, daß bei Palloid-Spiralkegelrädern die wirkliche Zahnbreite b' größer als die allgemein als Zahnbreite bezeichnete Kranzbreite b ist, und zwar ist $b' = b/\cos\beta_m$. Für Palloid-Spiralkegelräder gilt also:

$$P_n = \frac{P_u}{\cos\beta_m} = \sigma_b \cdot \frac{b}{\cos\beta_m} \cdot t \cdot y \, .$$

Diese Gleichung zeigt, daß der Wert $\cos\beta_m$ aufgehoben wird. Man ist also berechtigt, bei Palloid-Spiralkegelrädern wie bei Stirnrädern mit der Umfangskraft P_u zu rechnen und die Formel für Stirnräder auf diese Räder zu übertragen.

Eine Anpassung an Spiralkegelräder ist aber insofern notwendig, als an Stelle der Teilung t bei Palloid-Spiralkegelrädern der Normalmodul m_n eingesetzt wird, und zwar ist: $m_n = t_n/\pi$. Auch bei der Bestimmung des Zahnformfaktors y bedarf es einer Anpassung an die Eigenart der Spiralkegelräder. Man rechnet hier mit einem Zahnformfaktor y_n.

Bei der Bestimmung des Zahnformfaktors geht man von den Zähnezahlen z_1, z_2 der zu berechnenden Räder aus. Handelt es sich um die Berechnung von Stirnrädern, so werden die wirklichen Zähnezahlen eingesetzt. Bei den vorliegenden Rädern ist mit einer gedachten Zähnezahl z_n zu rechnen. Die Begründung dazu ist ohne weiteres Bild 33 zu entnehmen. Wie dieses Bild zeigt, kann die Zahnform im Stirnschnitt eines Kegelrades mit den Kegelwinkeln $\delta_{p1,2}$ und dem Halbmesser r_m mit der Zahnform eines Stirnrades a mit dem Halbmesser r'_m verglichen werden. Die Zahnform im Normalschnitt c des Spiralzahnes, auf den es ja hier ankommt, wird bestimmt durch den Krümmungshalbmesser r_n. Auf einem Kreis mit diesem Halbmesser sind mehr Zähne anzuordnen als auf dem Kreis vom Halbmesser r_m des Kegelrades. Abhängig ist diese Zähnezahl z_n von dem Spiralwinkel β_m und dem Kegelwinkel $\delta_{p1,2}$. Sie ist

$$z_n = \frac{z_{1,2}}{\cos^3 \beta_m \cdot \cos \delta_{p1,2}}.$$

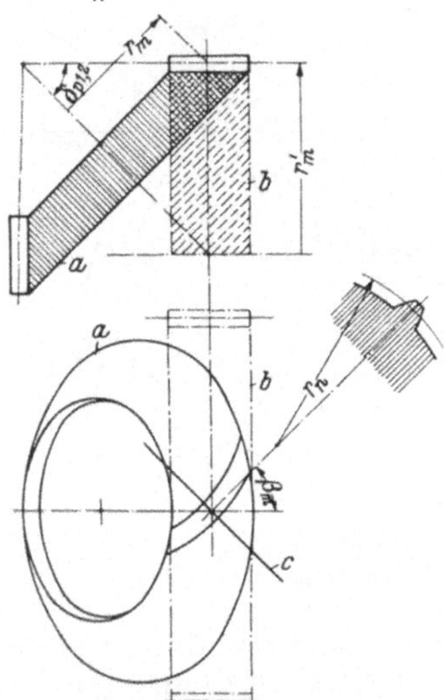

Bild 33. Bestimmung der ideellen Zähnezahl. Die Zahnformen des Kegelrades a können mit den Zahnformen eines Stirnrades b verglichen werden. Maßgebend für die Zahnform, durch welche die ideelle Zähnezahl bestimmt wird, ist der Normalschnitt c.

In dem bisher besprochenen Aufbau der Lewis-Gleichung wird auf die Umlaufgeschwindigkeit v der Räder keine Rücksicht genommen. Sie wird durch Einführung eines Geschwindigkeitsfaktors f_v berücksichtigt. Zu dessen Bestimmung liegen im Schrifttum verschiedene Vorschläge vor, z. B.:

1. Nach Rötscher $\qquad f_v = \dfrac{10}{10 + v}$.

2. Nach Buckingham/Olah amerikanischer Wert für sehr genaue Räder $\qquad f_v = \dfrac{6}{6 + v}$.

3. Nach Dolchau $\qquad f_v = 1 - \frac{1}{6} \cdot \sqrt[]{v}$.

4. Für handelsübliche Räder $\qquad f_v = \dfrac{3}{3 + v}$,

5. Für genaue Räder mit Geschwindigkeiten größer als 20 m/sek $\qquad f_v = \dfrac{5,5}{5,5 + \sqrt{v}}$.

Außerdem ist in der Lewis-Gleichung noch ein Sicherheitsfaktor S_b einzusetzen. Er wird nach den jeweiligen Belastungsfällen bestimmt.

Berechnungstafel 15. Festigkeiten häufig benutzter Zahnradbaustoffe[1].

Werkstoff	Norm-bezeichnung	Zugfestigkeit σ_z kg/cm²	Brinellhärte kg/mm²	Dauerbiegewechsel-festigkeit σ_D kg/cm²	Bemerkungen
Gußeisen	Ge 14.91	1400	140—160	700	Die statischen Biegefestig-keiten liegen bei Ge 2800, Ge 3400, Ge 4000, Ge 4600 höher wegen der besonderen Spannungsverteilung
	Ge 18.91	1800	160—180	900	
	Ge 22.91	2200	180—200	1100	
	Ge 26.91	2600	200—220	1300	
Gußeisen mit Stahlzusatz	—	3000—4000	—	1500—2000	Stahlzusatz bis 60%.
Stahlguß	Stg 38.81	3800	140	1200	
	Stg 45.81	4500	160	1900	
	Stg 52.81	5200	190	2000	
Maschinenbaustahl unlegiert	St 42.11	4200—5000	150—180	2100	
	St 50.11	5000—6000	180—220	2600	
	St 60.11	6000—7000	220—250	3000	
Einsatzstahl unlegiert	StC 10.61	5800	Ölhärtung 400	3000	Die Werte entsprechen der Kernfestigkeit
	StC 16.61	6200	Wasserhärtung 600		
Vergütungsstahl unlegiert	StC 35.61	5500—6500	250—400	2600	
	StC 45.61	6500—7500		3000	
Nickel- und Chromnickel Einsatzstahl	EN 15	6500— 8500	600	3500—4000	Die Werte sind Mindest-werte durch Veränderung der Wärmebehandlung, las-sen sich höhere Zugfestig-keiten erzielen.
	ECN 35	9000—12000	600—620	4000—5500	
	ECN 45	12000	600—650	5500	
Chromnickel-Vergütungsstahl	VCN 15	6500— 8000		3500—4000	
	VCN 25	7000—10000		4000—5000	
	VCN 35	7500—10500	400—500	4500—6000	
	VCN 45	10000—11500		5000	
Phosphorbronzen	—	3000—4400			Für diese Nichteisenmetalle besteht noch keine genügende Anzahl zuverlässiger Messungen der Dauerfestigkeit. Bis auf weiteres ist zu empfeh-len, σ_D nicht größer als 30% von σ_z zu wählen.
Stahlbronze	—	4700—5700			
Sonderbronze	—	—8800	—		
Deltametalle	—	3500—6000			

[1] Schlesinger: Die Werkzeugmaschine. Berlin 1936.

Auch in den günstigsten Fällen muß er größer als 1 sein. Anstatt einen festen Sicherheitsfaktor einzusetzen, erweist es sich vielfach als zweckmäßig, ohne Berücksichtigung einer Sicherheit die Bruchbelastung P_b zu errechnen und dann festzustellen, ob die vorhandene Sicherheit

$$S_b = \frac{P_b}{P_u} \text{ ausreicht.}$$

Die vorstehenden Ableitungen zusammenfassend, berechnet sich die zulässige Umfangskraft nach der Lewis-Gleichung:

$$P_b = f_v \cdot m_n \cdot \pi \cdot \sigma_b \cdot b \cdot y_n \tag{58}$$

(b und m_n in cm einsetzen).

Richtwerte für σ_b können Berechnungstafel 15 entnommen werden.

Der Geschwindigkeitsfaktor f_v kann bis $v = 20$ m/sek nach der Formel

$$f_v = \frac{6}{6 + v}$$

und für v größer als 20 m/sek

$$f_v = \frac{5{,}5}{5{,}5 \cdot \sqrt{v}} \tag{59}$$

berechnet werden.

Zur Bestimmung von y_n aus Berechnungstafel 16 errechnet man zunächst den maßgeblichen Spiralwinkel β_m und die gedachte Zähnezahl z_n:

$$\cos \beta_m = \frac{m_n \cdot z_1}{d_{m\,1}}, \qquad z_n = \frac{z_{1,2}}{\cos^3 \beta \cdot \cos \delta_{p\,1,2}}. \tag{60}$$

Berechnungstafel 16.   Zahnformfaktor y_n für Palloid-Spiralkegelräder.

z_n	y_n für $= 15°$	y_n für $= 20°$	z_n	y_n für $= 15°$	y_n für $= 20°$
10	0,056	0,064	18	0,086	0,098
11	0,061	0,072	20	0,090	0.102
12	0,067	0,078	25	0,097	0,108
13	0,071	0,083	30	0,101	0,114
14	0,075	0,088	38	0,106	0,122
15	0,078	0,092	50	0,110	0,130
16	0,081	0,094	100	0,117	0,142
17	0,084	0,096	300	0,122	0,150

Bei der Bestimmung des Sicherheitsfaktors S_b ist zu berücksichtigen, daß die Lewis-Gleichung, wie übrigens alle bisher bekanntgewordenen Formeln zur Bestimmung der Übertragungsfähigkeit von Zahnrädern, in mancher Hinsicht von den wirklichen Verhältnissen abweicht. Die wirkliche Übertragungsfähigkeit ist um so größer, je mehr Zähne die Räder haben. Es sind Vorschläge gemacht worden, wie dieser Mangel zu beseitigen ist, so z. B. in „Automotive Industries", New York, vom 15. Oktober 1939, Seite 420—431. Da damit aber nur einige Mängel beseitigt, andere, z. B. die Vergrößerung der Tragfähigkeit durch die gewölbte Form der Zähne doch nicht berücksichtigt werden, wurde in der vorstehenden Rechnung die einfache Form der Lewis-Gleichung beibehalten.

Beispiel:

Ein Getriebe aus gehärteten, in Öl laufenden Cr-Mo-Einsatzstahlrädern (ECMO 80) wird nach der Lewis-Gleichung auf Biegungsbeanspruchung geprüft.

Gegeben: $P_u = 670$ kg, $d_m = 42{,}4$ mm, $m_n = 4$, $b = 32$ mm,

$v = 2{,}8$ m/sek, $\delta_{p1} = 12°$, $z_1 = 8$, $\alpha = 20°$, $\cos\beta_m = 0{,}755$,

σ_b wird mit 12000 angenommen (vgl. Berechnungstafel 15).

Die in Gleichung (58) einzusetzenden Werte f_v und y sind nach Gleichung (59) und (60): $f_v = 0{,}682$, $z_n = 19$.

Für $z_n = 19$ und $\alpha = 20°$ ergibt sich nach Berechnungstafel 16 ein y-Wert $= 0{,}1$.

Die Biegungsbeanspruchung P_b beträgt nach Formel (58)

$$P_b = 0{,}682 \cdot 0{,}4 \cdot \pi \cdot 12000 \cdot 3{,}2 \cdot 0{,}1 = 3291 \text{ kg}.$$

Die Sicherheit $S_b = \dfrac{P_b}{P_u} = \dfrac{3291}{670}$ beträgt $\sim 4{,}9$, ist also mehr als ausreichend.

c) Berechnung der Lebensdauer.

Abgesehen von besonderen Umständen eines Einzelfalles, z. B. eines Zahnbruches durch Stöße, hängt die Lebensdauer eines Zahnrades wesentlich von der Größe der Flankenpressung ab. Die Rechnung zur Bestimmung der Lebensdauer von Zahnrädern geht deshalb von der bekannten Herzschen Gleichung zur Bestimmung der Flankenpressung aus. Sie hat Ähnlichkeit mit der Lebensdauerberechnung von Rollenlagern. Die nachfolgend angegebenen Gleichungen wurden von Prof. Niemann entwickelt[1].

Bezeichnet man die zulässige Belastung in kg/cm² für eine rechnerische Lebensdauer von 5000 Betriebsstunden mit k, einen Tafelwert zum Umrechnen der k_{5000}-Werte für eine andere Lebensdauer mit φ, einen den Eingriffswinkel berücksichtigenden Wert mit x und endlich einen die besonderen Betriebsverhältnisse berücksichtigenden Faktor mit q, so soll die spezifische Belastung nach der Formel:

$$k = x \cdot \frac{P_u}{b \cdot d_{m1}} \cdot \frac{i+1}{i} \tag{61}$$

---

[1] Professor Dr.-Ing. Niemann: Walzenpressung und Grübchenbildung bei Zahnrädern im Berichtsheft der Tagung für Maschinenelemente. 1938 VdI-Verlag.

unter den Werten $k = k_{5000} \cdot \varphi \cdot q$ bleiben. φ nach Berechnungstafel 17, k_{5000} nach Tafel 18, x nach Tafel 20, b und d_{m1} in cm.

Berechnungstafel 17. φ-Werte zur Berücksichtigung einer bestimmten Lebensdauer.

					h in Betriebsstunden					
150	312	625	1200	2500	5000	10000	40000	80000	150000	300000
3,2	2,5	2	1,6	1,25	1	0,8	0,5	0,4	0,32	0,256

Bei der Bestimmung des Faktors q geht man von folgendem aus: Die in Berechnungstafel 18 angegebenen k-Werte gelten für Stahl oder Stahlguß als Werkstoff des Gegenrades. Ist das Gegenrad aus Gußeisen,

Berechnungstafel 18. k-Werte in kg/cm² für eine Lebensdauer $h = 5000$ Betriebsstunden.

Werkstoff der Verzahnung	Brinell-härte H kg/mm²	Drehzahlen in U/min									
		10	25	50	100	250	500	750	1000	1500	2500	5000
St 42 Stg 52 . . .	125	35	26	20	16	12	9,5	8,3	7,5	6,6	5,6	
St 50	153	52	38	31	24	18	14	12	11	9,8	8,3	6,6
St 60	180	73	53	42	34	25	20	17	16	14	11	9,1
St 70	208	97	71	57	45	35	26	23	21	18	15	12
Si-Mn St 75—80	230		87	69	55	41	32	28	26	22	19	15
Si-Mn St 85—90	260			89	70	52	41	36	33	28	24	19
Legierter Ein-satzstahl, gehärtet . . .	600				374	276	219	190	174	152	128	100

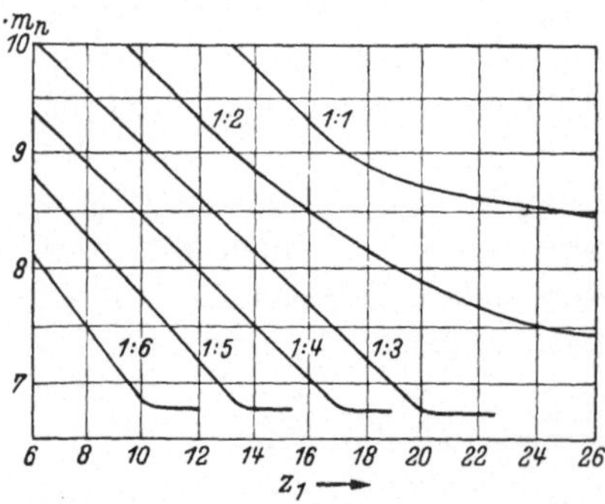

Berechnungstafel 19.   Mindest-zahnbreite für eine Eingriffs-dauer = 2.

so können um 50% erhöhte Belastungen zugelassen werden. Ferner ist eine Erhöhung des Belastungswertes zulässig, und zwar um 25%, wenn nach Berechnungstafel 19 festgestellt wird, daß die Zahnbreite des Getriebes eine Eingriffsdauer von 2 ergibt. Die Belastung ist entsprechend zu vermindern, wenn je Umdrehung ein mehrfacher Flankeneingriff erfolgt. Auch für betriebsmäßig auftretende Überlastungen durch Stöße, Verzahnungsfehler und

Ungenauigkeiten der Lager ist eine Verminderung des Belastungswertes vorzunehmen.

Berechnungstafel 20. x-Werte zur Berücksichtigung eines bestimmten Eingriffswinkels.

$\alpha =$	$15°$	$17^1/_2°$	$20°$
$x =$	4	3,5	3,125

Beispiel:

Ein Getriebe aus gehärteten, in Öl laufenden Cr-Mo-Einsatzstahlrädern wird nach Formel (61) auf seine Lebensdauer geprüft.

Gegeben: $P_u = 670$ kg, $n = 1000$, $d_m = 54$, $b = 32$, $\alpha = 20°$, $i = 4$, vorgeschriebene Lebensdauer 10000 Betriebsstunden.

Nach Formel (61) ist

$$k = 3,125 \cdot \frac{670}{3,2 \cdot 5,4} \cdot \frac{4+1}{4} = 130 \,.$$

Aus Berechnungstafel 17 ergibt sich für eine Lebensdauer von 10000 Betriebsstunden ein Umrechnungsfaktor $\varphi = 0,8$ und aus Berechnungstafel 18 für Einsatzstahl bei $n = 1000$ ein k-Wert $= 174$. Auf Grund der Gesamtbeurteilung des Getriebes (Eingriffsdauer, Ausführungsgenauigkeit usw.) wird q mit 1,25 angenommen, dann ist

$$k = \varphi \cdot q \cdot k_{5000},$$
$$k = 0,8 \cdot 1,25 \cdot 174 = 174 \,.$$

Nach der Rechnung wird die vorgeschriebene Lebensdauer erreicht.

5. Werkzeuge.

Die schneckenförmigen Werkzeuge zur Herstellung von Palloid-Spiralkegelrädern sind als Schaftfräser ausgebildet und konisch gestaltet. Sie haben infolge ihrer konischen Form unterschiedlich große Enddurchmesser (Bild 34, 35). Die rechtsspiraligen Räder werden im allgemeinen mit einem linksgängigen und die linksspiraligen Räder mit einem rechtsgängigen Fräser verzahnt.

a) Berechnung der erforderlichen Fräserlänge.

Zum Verzahnen eines Palloid-Spiralkegelradpaares von bestimmten Abmessungen sind Fräser mit bestimmter Mindestlänge erforderlich. Sie können länger, dürfen aber nicht kürzer sein. Legt man die Mantel-

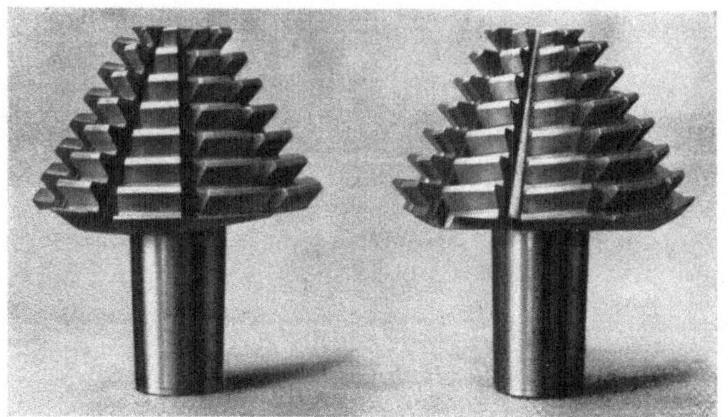

Bild 34. Linksgängiger Fräser zum
Verzahnen eines rechtsgängigen Spiralkegelrades.

Bild 35. Rechtsgängiger Fräser zum
Verzahnen eines linksgängigen Spiralkegelrades.

linie a des Fräsers b (Bild 36) so über den Zahnkranz des Planrades,
wie sie in der Maschine eingestellt ist, dann ist mit den in Bild 36 eingetragenen Zeichen die Mindestlänge des Fräsers[1]:

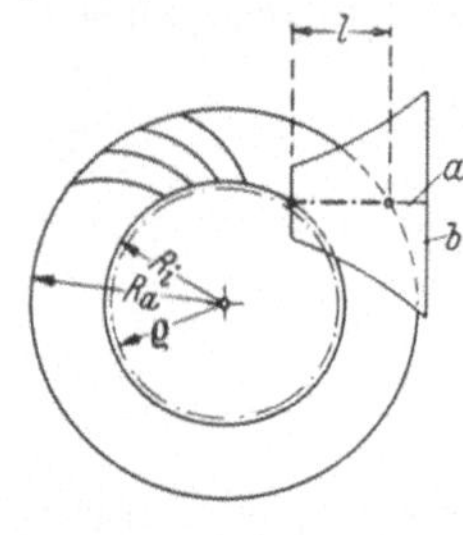

$$l = \sqrt{R_a^2 - x^2} - \sqrt{R_i^2 - x^2}, \qquad (62)$$

$$x = \varrho - m_n. \qquad (63)$$

Die wirksame Fräserlänge kann natürlich auch
leicht zeichnerisch festgestellt werden.

Bild 36. Schema zur
Bestimmung der Fräser-
länge.

Beispiel:

Gegeben:

$$R_a = 105, \qquad b = 30, \qquad R_i = 75, \qquad m_n = 3, \qquad \varphi = 69,$$

$$x = \varrho - m_n = 69 - 3 = 66, \qquad x^2 = 4356,$$

$$l = \sqrt{105^2 - 4356} - \sqrt{75^2 - 4356} = 82 - 36 = 46 \text{ mm}.$$

b) Zahnformen der Kegelradfräser.

Bei Kegelrad-Wälzfräsern ist zu unterscheiden zwischen Zahnform I
und Zahnform III. Eine dritte, früher benutzte Ausführung, Zahnform II, besteht heute nicht mehr.

Die Zahnformen I und III unterscheiden sich durch ihre Zahn-
stärke, wie aus Berechnungstafel 21 zu entnehmen ist.

---

[1] Praktisch ist zu der so errechneten Länge noch ein Sicherheitszuschlag
zu machen.

Berechnungstafel 21. Kennzeichnende Merkmale der Zahnformen I und III.

Kennzeichen	Bild eines verzahnten Radpaares	Anwendungsgebiet	Vorteil

Zahnform I.

Rechtsgängiger und linksgängiger Fräser schneiden gleich starke Zähne	$s' = s$ 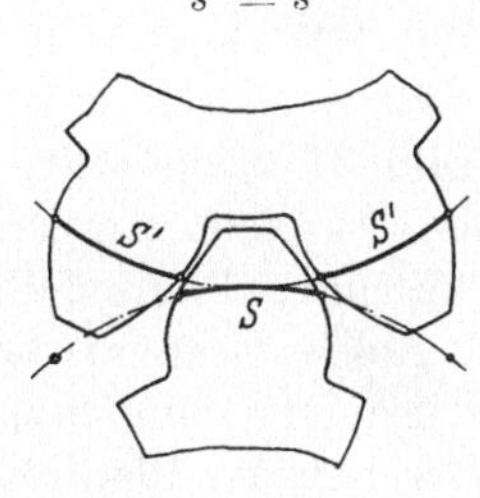	Allgemeiner Maschinenbau, Getriebebau, Automobilbau nur für Lastwagen, deren Kegelradübersetzung kleiner als 1 : 2,5 bis 1 : 3 ist. (Je nach Nachgiebigkeit der Lagerung und Benutzung der Fräser für ähnliche Übersetzungen.)	Mit jedem Fräser kann man nach Belieben Ritzel oder Tellerräder schneiden, ob Rechts- oder Linksspirale, hängt nur von der Gangrichtung des Fräsers ab.

Zahnform III.

Der Ritzelfräser schneidet dickere Zähne als der Tellerradfräser. Wenn keine besonderen Anweisungen gegeben werden, wird der rechtsgängige Fräser als Ritzelfräser ausgeführt.	s' größer als s 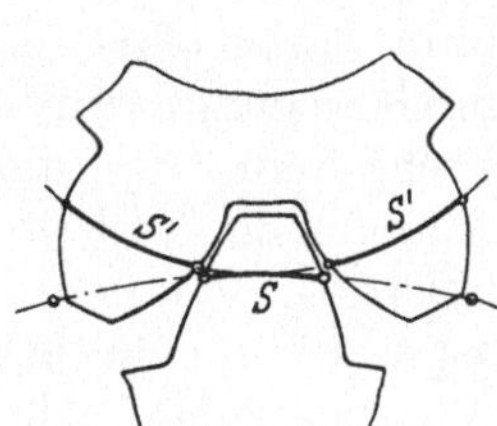 Der Zahn des Ritzels ist dicker als der Zahn des Tellerrades. 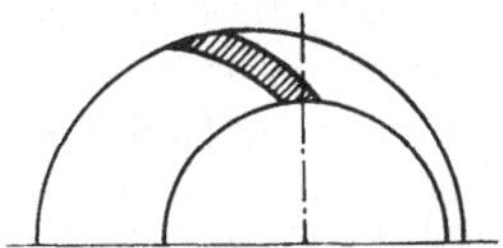 Das Ritzel hat normalerweise Linksspirale.	Automobilbau: 1. Personenwagen, 2. Lastwagen, soweit die Kegelradübersetzung größer als 1:2,5 bis 1:3 ist. (Je nach Nachgiebigkeit der Lagerung und Benutzung der Fräser für ähnliche Übersetzungen.)	Die höher beanspruchten Zähne des Ritzels werden zum Ausgleich des durch den meist verhältnismäßig kleinen Durchmesser bedingten Unterschnittes verstärkt. Daher können mit einem Ritzelfräser stets nur Ritzel, mit einem Tellerradfräser stets nur Tellerräder geschnitten werden mit einer Spiralrichtung, welche der Gangrichtung des jeweiligen Fräsers entspricht. (Normal: Ritzel = Linksspirale, Tellerräder = Rechtsspirale.)

6. Maschinen
zur Herstellung der Palloid-Spiralkegelräder
und zum Scharfschleifen des Werkzeuges.

a) Wälzfräsmaschinen.

Der grundsätzliche Aufbau einer Wälzfräsmaschine zur Herstellung von Palloid-Spiralkegelrädern ist in Bild 37 dargestellt.

Der Kegelradfräser a sitzt in einem Werkzeugträger b, dem sog. Fräskopf, der seinerseits einstellbar an einer Planscheibe c befestigt ist. Diese ist um eine waagerechte Achse drehbar im Maschinengehäuse d gelagert. Der Fräser ist so gelagert, daß seine in den Radkörper eindringende Mantellinie beim Drehen der Planscheibe eine parallel zu dieser verlaufende Ebene, die Planradebene e bestreicht.

Der zu verzahnende Radkörper n wird von dem Reitstock f gehalten. Durch Schwenken des Reitstockes um die senkrechte Achse g kann der Radkörper an die vom Fräser bestrichene Planradebene e angestellt werden.

Die Antriebsleistung wird vom Motor h abgeleitet, und zwar über den Getriebezug i zum Fräser (Schnittbewegung) und über den Getriebezug k zum Radkörper. Durch Wechselräder wird dabei das Übersetzungsverhältnis von Fräser zu Werkstück dem Verhältnis Zähnezahl des Werkstückes zu Fräsergangzahl angepaßt. Von dem Getriebezug o ist ein dritter Getriebezug l abgezweigt, der zur Drehung der Planscheibe bestimmt ist (Vorschub- und Wälzbewegung). Dieser Getriebezug wirkt gleichzeitig auf ein Ausgleichgetriebe m des zum Werkstück führenden Getriebes. Durch dieses wird der Einfluß der Schwenkbewegung auf die ordnungsmäßige Verschraubung des Fräsers mit dem Rohling ausgeglichen.

Die Wirkungsweise der Maschine ist folgende:

Der Teilkegelmantel des zu verzahnenden Rades wird durch Schwenken des Reitstockes um den Kegelwinkel mit der Planradebene e in Berührung gebracht. Darauf werden der Reitstock festgestellt, die entsprechenden Wechselräder für Vorschub, Differential und zu schneidende Zähnezahl aufgesteckt und der Fräser in eine dem herzustellenden Rade entsprechende Schwenkstellung gebracht. Dann wird die Maschine eingeschaltet. Fräser und Rohling drehen sich in dem oben angegebenen Verhältnis. Außerdem führt der Fräser die ebenfalls schon im einzelnen erläuterte Schwenkbewegung aus.

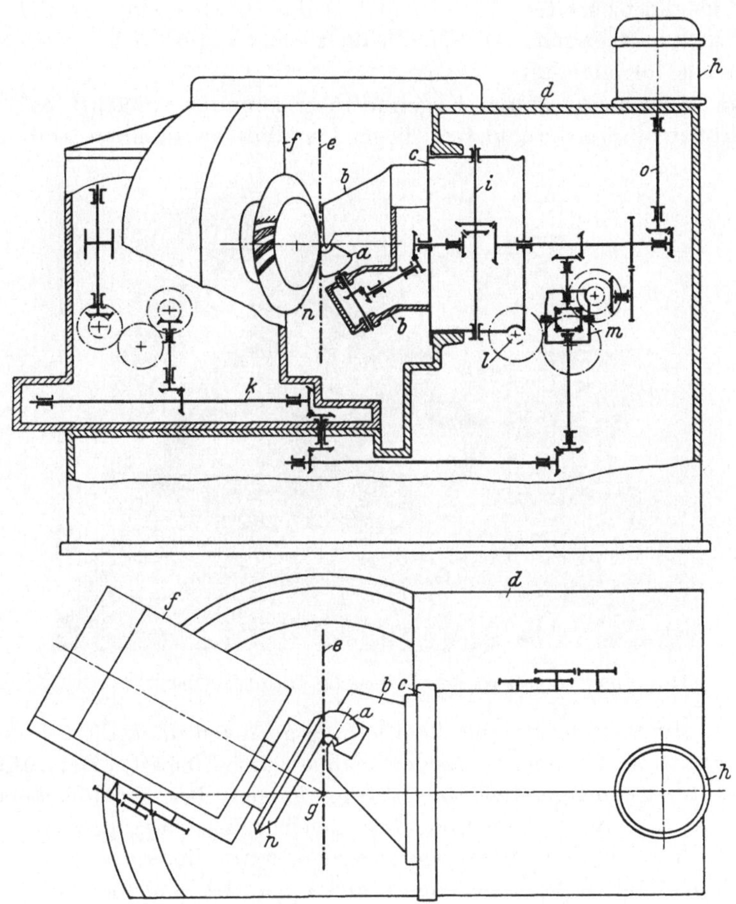

Bild 37. Getriebe einer Wälzfräsmaschine für Palloid-Spiralkegelräder.

a Schneckenfräser, *b* Werkzeugträger, *c* Planscheibe, *d* Maschinengestell, *e* Planebene, *f* Reitstock, *g* senkrechte Schwenkachse, *h* Hauptantriebsmotor, *i* bis *l* Getriebezüge, *m* Differentialgetriebe, *n* zu verzahnender Radkörper.

Die Ansicht einer Wälzfräsmaschine zeigt Bild 38. Bei dieser Maschine wird die Drehzahl des Fräsers während der Bearbeitung selbsttätig gesteigert, und zwar derart, daß die Schnittgeschwindigkeit bis

zum Fertigstellen des Rades etwa gleich bleibt. Außerdem erfährt der
Vorschub eine Beschleunigung, die Vorschubgeschwindigkeit wächst
mit dem Fortschreiten der Arbeit. Dadurch wird eine Verkürzung
der Arbeitszeit erzielt. Die Möglichkeit dazu ergibt sich im wesentlichen aus folgendem:

Die konisch gestalteten Kegelradfräser kommen zunächst mit den
am großen Fräserdurchmesser liegenden Werkzeugzähnen zum An-

Bild 38. Hochleistungs-Wälzfräsmaschine für Tellerräder, Modell AFK 203.

schnitt. Mit fortschreitender Bearbeitung gelangen dann die am mittleren Fräserdurchmesser liegenden Zähne zum Eingriff. Demzufolge
nimmt die Schnittgeschwindigkeit des Fräsers bei gleichbleibender
Fräserdrehzahl nach dem Ende des Bearbeitungsvorganges ab. Die
Fräserdrehzahl muß also gesteigert werden, wenn die Schnittgeschwindigkeit bis zum Fertigstellen des Rades etwa gleich bleiben soll. Mit
der Steigerung der Fräserdrehzahl erfährt der Vorschub eine Beschleunigung. Dadurch wird eine Verkürzung der Arbeitszeit erzielt. Aus
folgenden Gründen ist diese Beschleunigung des Vorschubes berechtigt:

Wie jeder Schneckenfräser hat auch der Kegelradfräser durch-
gehende Schleifnuten, die die Schneckengänge in einzelne Zähne unter-
teilen. Die Zahl der Zähne je Umgang, die ja durch die Zahl der Schleifnuten bestimmt wird, ist demgemäß am großen und kleinen Fräser-

durchmesser gleich. Wird nun die Fräserdrehzahl zum Erzielen einer gleichbleibenden Schnittgeschwindigkeit gesteigert, dann durchlaufen am kleinen Fräserdurchmesser, der ja erst zum Zerspanen kommt, wenn die Drehzahl zugenommen hat, mehr Werkzeugzähne ihre Schneidstellung als am großen Fräserdurchmesser, der mit der Ausgangsdrehzahl arbeitet.

. Auch zerspanungstechnisch ist diese Beschleunigung gerechtfertigt. Bei gleichbleibender Drehzahl hebt jeder Fräserzahn kurz nach dem Anschnitt die dicksten Späne ab, während die Spandicke nach dem Ende der Arbeit hin abnimmt. Ähnlich dem Abfallen der Arbeitsleistung eines jeden einzelnen Fräserzahnes nimmt auch die Gesamtleistung der später zum Eingriff kommenden Fräserzähne ab. Praktische Ergebnisse haben die Richtigkeit dieser Überlegungen bestätigt.

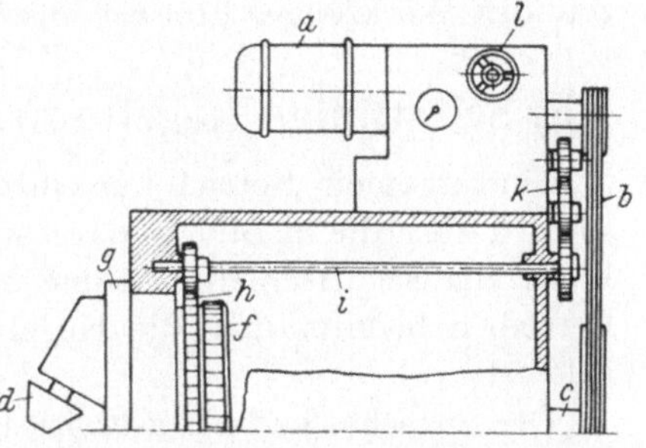

Bild 39. Getriebe für die Drehzahlsteigerung.
a Antriebsmotor. *b* Keilriementrieb, *c* Hauptantriebswelle, *d* Fräser, *f* Schneckenrad an der Planscheibe *g*, *h* Zahnkranz an der Planscheibe *g*, *i* Getriebezug zur Steuerung des stufenlos regelbaren Getriebes, *k* Wechselräder dazu, *l* Handrad zum Einstellen der Ausgangsdrehzahl.

Die Drehzahlsteigerung wird bei den in Bild 38 dargestellten Wälzfräsmaschinen durch ein stufenlos regelbares Getriebe erreicht, das, wie Bild 39 erkennen läßt, zwischen Antriebsmotor *a* und einen Keilriementrieb *b* für die Hauptantriebswelle *c* geschaltet ist. Von der Hauptwelle *c* geht ein Getriebezug zum Fräser *d*, ein zweiter zum Radkörper und ein dritter bewirkt über das Schneckenrad *f* eine langsame Schwenkbewegung der den Fräser *d* tragenden Planscheibe *g*.

Von dem Zahnkranz *h* an der Planscheibe wird die Steuerbewegung für das stufenlos regelbare Getriebe abgeleitet. Diesem Zweck dient der Getriebezug *i*. Das Maß der Drehzahlsteigerung wird durch entsprechende Wechselräder *k* bestimmt. Die Ausgangsdrehzahl wird an dem Handrad *l* eingestellt.

Die in Bild 38 dargestellte Maschine ist eine Sondermaschine zum Verzahnen von Rädern mit großem Kegelwinkel, also insbesondere Tellerrädern. Durch die Begrenzung des Schwenkbereiches für den Werkstück-Spindelstock auf größere Kegelwinkel wurde es bei dieser Maschinenausführung möglich, der Werkstückspindel einen ungewöhnlich großen Durchmesser und ein ungewöhnlich großes Gewicht zu geben. Der größte Durchmesser entspricht nahezu dem größten Durchmesser des zu verzahnenden Radkörpers. Das Gewicht einer Spindel beträgt angenähert 600 kg. Durch die unmittelbare Verbindung des Radkörpers mit der schweren Spindelmasse werden die Schwingungen und Erschütterungen in einem Ausmaß gedämpft, wie es auf anderem Wege nicht erreichbar ist. Die Dämpfung der Schwingungen wirkt sich sowohl auf die Arbeitsgeschwindigkeit, wie auch auf die Standzeit des Werkzeuges günstig aus.

b) Selbsttätige Kegelradfräser-Scharfschleifmaschine.

Sind in einem Betrieb nur einzelne Kegelradfräser scharfzuschleifen, so wird dazu die in Bild 40 dargestellte Zusatzeinrichtung zur normalen Werkzeug-Scharfschleifmaschine Modell GW 20 benutzt. In größeren Betrieben benutzt man die Kegelradfräser-Scharfschleifmaschine nach Bild 41.

Der zu schärfende Fräser ist in dieser Maschine ortsfest gelagert; er ist ohne Zwischenglieder mit der Teilscheibe verbunden. Die Weiterschaltung von Nut zu Nut erfolgt selbsttätig durch einen auf die Teilscheibe wirkenden Flüssigkeitsstrom.

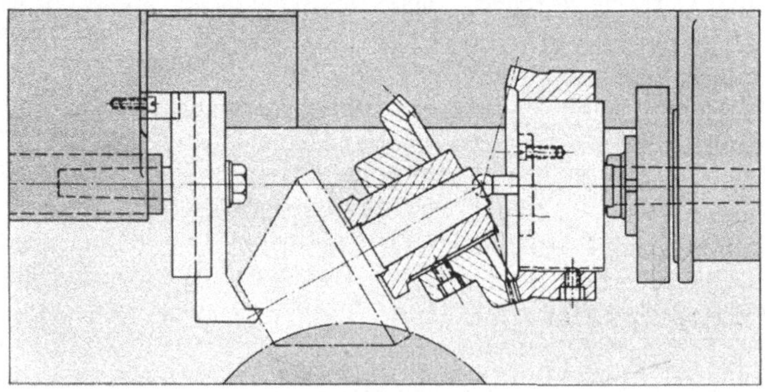

Bild 40. Zusatzeinrichtung, um auf einer normalen Scharfschleifmaschine Kegelfräser scharfschleifen zu können.

Die hin und her gehende Schleifbewegung wird von der Schleifscheibe ausgeführt und erfolgt hydraulisch. Die Schleifspindel ist unmittelbar mit einem Elektromotor gekuppelt.

Schlichtfräser werden auf der Maschine im Regelfalle so scharf-geschliffen, daß die Zahnbrust sämtlicher Fräserzähne genau auf Mitte steht. Schruppfräser erhalten zur Verbesserung ihrer Schneidfähigkeit

Bild 41. Selbsttätige Kegelradfräser-Scharfschleifmaschine.

einen vom kleinen zum großen Fräserdurchmesser hin zunehmenden Zahnbrustunterschnitt.

Bei dem üblichen radialen Brustschliff behält die Schleifscheibe ihre Schleifstellung während des Vorschubes bei. Bei Erzeugung des oben beschriebenen veränderlichen Unterschnittes führt sie während des Vorschubes eine Kippbewegung aus. Diesem Zweck dienen aus-wechselbare Schwenkschienen.

c) Hydraulische Härtemaschine nach dem Preßstromverfahren.

Seit Jahren werden im Kraftwagenbau zum Härten von Kegel-tellerrädern besondere Einrichtungen benutzt. Man taucht das glühende Tellerrad nicht freihängend in Öl, sondern bringt es zwischen seiner Form entsprechenden Matrizen unter Druck mit dem Kühlöl in Be-rührung. Ziel dieser Arbeitsweise ist:

1. Verminderung des Härteverzuges.

2. Gleichmäßigkeit in der Serienhärtung.

3. Selbsttätiger Arbeitsablauf, um von der Geschicklichkeit des Bedienungsmannes unabhängig zu sein.

Später wurde diese Arbeitsweise dann in weiter entwickelter Form auch von anderen Industriezweigen, z. B. vom Getriebebau und vom Flugzeugbau, und für Härtegut der verschiedenen Art, z. B. flache Scheiben, Kugellagerringe usw., übernommen.

Die Ausführung des Verfahrens ist einfach und erfordert keine besonderen Kenntnisse. Dagegen setzen die Vorbereitungen, die notwendig sind, um ein Härtegut bestimmter Form und Werkstoffart serienmäßig zu härten, gewisse Erfahrungen auf diesem Gebiet voraus.

Vorbereitung der Radkörper.		Hochbeanspruchte Antriebsräder werden vorzugsweise aus Einsatzstählen gefertigt, weil diese, bis zu 0,22% Kohlenstoff enthaltenden Stähle, nach der Wärmebehandlung einen zähen Kern von hoher Festigkeit und eine harte Randzone haben. Der zähe Kern ist geeignet, die namentlich beim Schalten auftretenden Schläge und Stöße bruchsicher aufzunehmen, während die harte Einsatzschicht den Zahnflanken die notwendige Verschleißfestigkeit gibt.

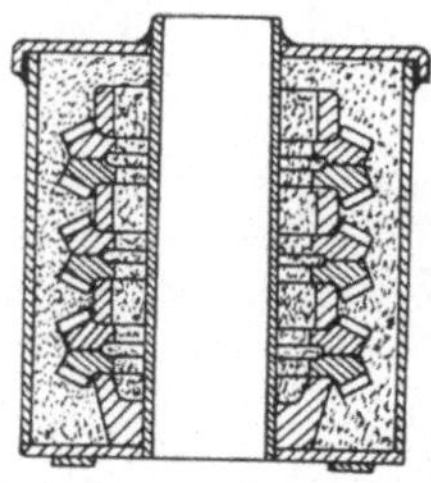

Bild 42. Verpacken von Tellerrädern in Einsatzkästen.

Schon beim Entwurf der Räder ist zu beachten, daß allzu plötzliche Übergänge von schwächeren und stärkeren Querschnitten ein ungleichmäßiges Erkalten des ganzen Stückes und somit ein Verziehen des Stückes beim Abschrecken begünstigen. Es ist eine möglichst glatte, einfache Form der Räder anzustreben.

Auch die Art der Verformung der Radkörper beim Schmieden und die Art der spanabhebenden Bearbeitung haben Einfluß auf die Größe des Härteverzuges. So können z. B. beim Fräsen der Zähne Spannungen entstehen, die bei einer nachfolgenden Wärmebehandlung durch Verzug ausgelöst werden. Dieser Verzug tritt um so stärker auf, je stumpfer die Verzahnwerkzeuge sind. Auch von diesem Gesichtspunkt aus ist deshalb frühzeitiges Scharfschleifen der Werkzeuge wichtig.

Um die bei der Bearbeitung entstandenen Spannungen zu vermindern, werden die Werkstücke in vielen Betrieben vor der Fertigbearbeitung ausgeglüht.

Beim Einsetzen sind die Räder durch ihre Form entsprechende Unterlagen zu stützen. Die Anordnung kann z. B. für das gleichzeitige Einsetzen mehrerer Tellerräder gemäß Bild 42 getroffen werden.

Ferner ist außerordentlich wichtig, die Räder zunächst vorzuwärmen und dann erst unter Verwendung guter Unterlagen schnell auf die eigentliche Härtetemperatur zu bringen. Im einzelnen sind in diesem Zusammenhang natürlich die Vorschriften der Stahlwerke genau zu beachten.

Vom Standpunkt eines verzugsarmen Härtens empfiehlt es sich nicht, die Einsatzschicht auf denjenigen Flächen, die weich bleiben sollen, später abzudrehen, wie es häufig geschieht. Durch diese Maßnahme entstehen leicht Spannungen, die größere Verzüge erwarten lassen.

Wenn bestimmte Stellen weich bleiben sollen, so muß man diese vor der Kohlung schützen. Das kann auf verschiedene Weise geschehen. a) Durch Bedecken mit Lehm, dem man etwas Salz beimengt, b) sofern es sich um die Herstellung großer Mengen gleichartiger Räder handelt, durch galvanisches Verkupfern.

Bild 43 zeigt eine Klingelnberg-Härtemaschine, Bild 44 den Ölkreislauf dieser Maschine.

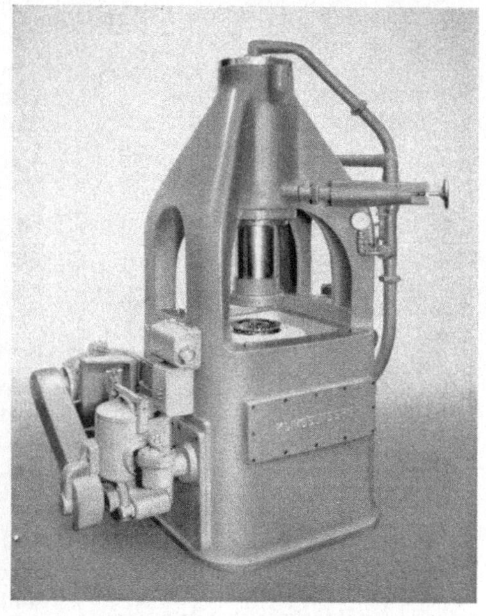

Bild 43. Vorderansicht einer hydraulischen Härtemaschine nach dem Preßstromverfahren.

Der als Behälter für die Kühlflüssigkeit dienende untere Teil a ist durch einen Tisch b verschlossen. Darauf ruht die das Härtegut, z. B. das Zahnrad c, tragende Untermatrize d. Von oben wird das Härtegut von der am Stempel f befestigten Obermatrize g eingeschlossen. Im Innern des Stempels f befindet sich ein zweiter, kleinerer Stempel h, der sog. Zentrierstempel.

Der aus dem Behälter a über ein Filter i der Pumpe k zufließende und von dieser unter Druck gesetzte Flüssigkeitsstrom wird in einen die Abkühlung des Härtegutes bewirkenden Zweig l und einen zur Bewegung der Stempel dienenden Zweig m unterteilt. Der letztere kann mittels eines Hahnes *n* wechselweise der oberen oder unteren Seite des Stempelkolbens zugeleitet werden, um je nach Bedarf die Stempel zu heben oder zu senken. Der Hahn *p* wird selbsttätig umgeschaltet, und zwar durch die Wirkung der Steuerströme *o*, der Hahn *n* wird von Hand betätigt. An einem Handrad *q* wird die Vorkühlzeit — die Bedeutung der Vorkühlung wird in dem folgenden Abschnitt erklärt — eingestellt. Eine Skala *r* zeigt die eingestellte Vorkühlzeit an.

Die Arbeitsweise der Maschine ist folgende: Das glühende Härtegut wird auf die Untermatrize gelegt und dann die Maschine durch Schalten des Hahnes *n* in Gang gesetzt, worauf das Härtegut während einer mit dem Handrad *q* eingestellten Vorkühlzeit mit Kühlflüssigkeit überströmt wird. Zu Beginn dieses Überflutens bewegt sich der Zentrierstempel *h* schnell abwärts in Arbeitsstellung, während sich der Stempel *f* langsam senkt. In dem Augenblick, in dem die am Stempel *f* sitzende Obermatrize auf das Härtegut trifft, ist die als Vorkühlung bezeichnete Arbeitsstufe beendet, es beginnt vollständige Abkühlung unter Druck, während welcher der Kühl-

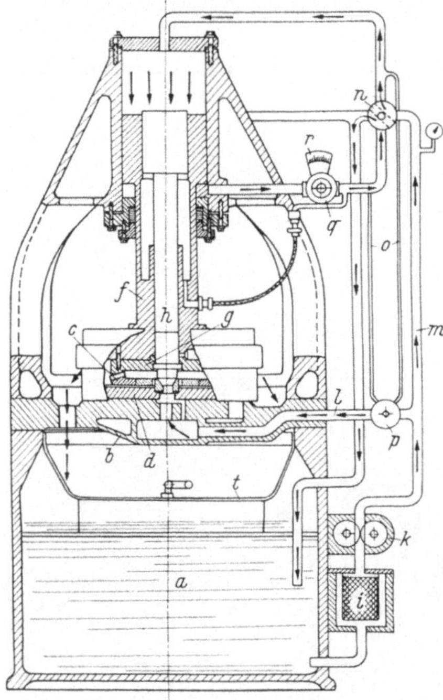

Bild 44. Prinzip der Vorkühlung.

a Ölbehälter, *b* Tisch für untere Matrize, *d* untere Härtematrize, *g* Obermatrize, *f* Druckstempel, *h* Zentrierstempel, *l*, *m* Leitung für Druck- und Kühlöl, *m* Leitung für Drucköl, *p* Absperrhahn für Kühlöl, *n* Vierwegehahn zum Heben und Senken des Stempels, *o* Steuerleitung für Hahn *p*, *q* Handrad am Drosselventil für automatische Vorkühlung, *r* Skala zum Ablesen der Vorkühlzeit.

strom weiterfließt. Nach vollständigem Abkühlen des Rades schaltet man den Hahn *n* wieder in seine Ausgangsstellung zurück, wodurch der Kühlstrom geschlossen und die Stempel in Hochstellung gebracht werden. Das Werkstück liegt dann zur Abnahme frei auf der Untermatrize.

Die Erfahrung hat gelehrt, daß in vielen Fällen der Härteverzug besonders gering gehalten werden kann, wenn die zu härtenden Stücke

in zwei Stufen abgeschreckt werden; in einer ersten Stufe frei auf-
liegend auf der Untermatrize und so dem vollen Strom der Kühlflüssigkeit ausgesetzt und in einer zweiten Stufe fest eingespannt zwischen
Ober- und Untermatrize, wobei die Kühlflüssigkeit weiterfließt. Die
Dauer der Vorkühlzeit hängt von der jeweiligen Ausbildung des Härtegutes ab. Stellt man z. B. die Vorkühlzeit beim Härten bestimmter
Kegeltellerräder zu kurz ein, so zeigen die Räder Neigung hohl zu
werden, bei zu langer Vorkühlzeit neigen sie zum Balligwerden.

Je dünner die Wandungen des Härtegutes, um so kürzer muß die
Vorkühlzeit sein. Beim Härten von Rädern unter 10 mm Wandstärke
stellt man den Anzeiger für die Vorkühlzeit auf Null. Derartige Räder
werden in der Regel schon auf dem Wege vom Ofen zur Härtemaschine
und dem Weg, den die Obermatrize bis zum Auftreffen auf das Rad
zurückzulegen hat, genügend vorgekühlt.

Die Anwendung der Vorkühlung ist eine aus der Erfahrung ge-
wonnene Erkenntnis. Zur Erklärung ihrer Wirkung kann man sich
vorstellen, daß beim Überfluten des freiliegenden Rades ein ungehemm-
ter Spannungsausgleich stattfindet und das anschließende Festspannen
doch nicht so früh einsetzt, um ein Werfen des Stückes zu verhindern.

Vorteilhaft schreckt man bei nicht zu niedriger Temperatur des
Kühlöles ab. In manchen Fällen hat sich eine Temperatur von 50 bis
60° als zweckmäßig erwiesen. Die Temperatur der Kühlflüssigkeit
regelt man durch entsprechendes Einstellen der Wasserleitung (siehe
Bild 44) eines Kühlers t, über den hinweg das vom Härtegut abfließende
Kühlmittel in den Behälter zurückfließt.

Vereinzelt wird die Überflutungseinrichtung mit einer besonderen
Heizanlage verbunden, um bei der Serienhärtung gleich vom ersten
Stück an bei der vorgesehenen Temperatur abschrecken zu können.

Voraussetzung für einwandfreie Härteergebnisse sind ein kräftiger,
mit ausreichender Geschwindigkeit fließender Kühlstrom und eine zeit-
lich richtig begrenzte Vorkühlung. Außerordentlich wichtig ist aber
auch die zweckentsprechende Ausbildung der Härtematrizen. Da sich
die einzelnen Werkstoffarten beim Abschrecken ganz verschieden verhalten, können keine allgemeingültigen Regeln aufgestellt werden, wie
die Matrizen für bestimmte Radformeln zu gestalten sind. Aber trotz
dieser Einschränkung kann an Hand einiger Grundsätze gezeigt werden,
worauf es ankommt.

a) Das Schrumpfen. Läßt man die Bohrung des abzuschreckenden Härtegutes auf einen Dorn oder einen Zentrierring aufschrumpfen, so wirkt man einem Unrundwerden der Bohrung entgegen. Die Wirkung des Schrumpfens ist bei kleinen Querschnitten unter Umständen so günstig, daß die Rundheit der Bohrung gegenüber dem Anlieferungszustand sogar verbessert wird. Nicht jeder Werkstoff eignet sich zum Aufschrumpfen. Auch bleibt das Schrumpfen ohne Wirkung, wenn der Durchmesser der zu schrumpfenden Fläche zu klein ist. Wo die notwendigen Voraussetzungen aber erfüllt sind, nutzt man die Vorteile des Schrumpfens aus und verwendet sog. Zentrierringe, deren Außendurchmesser ein kleines Übermaß gegenüber dem vorgedrehten Bohrungsmaß haben.

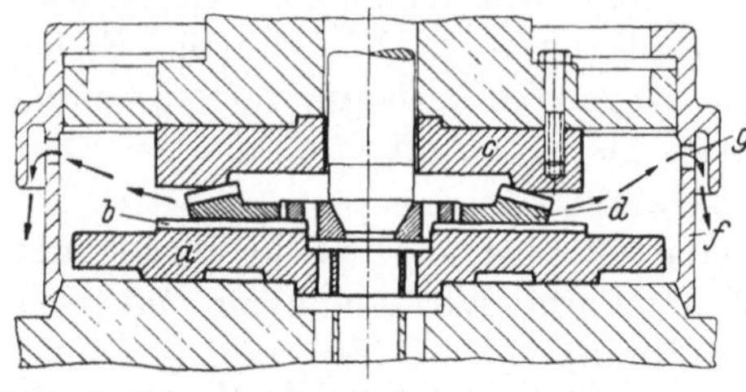

Bild 45. Ober- und Untermatrize zum Härten eines Kegelrades.

a Untermatrize, *b* Ölkanäle, *c* Obermatrize, *d* Tellerrad, *g* Ausflußöffnungen, *f* Schutzhaube.

Die Zentrierringe sind mit Aussparungen für die durchfließende Kühlflüssigkeit versehen. Man verwendet ein- und mehrteilige Zentrierringe. Einteilige Ringe müssen nach beendeter Abschreckung unter der Presse ausgehoben werden, während mehrteilige Ringe nach Abheben des Zentrierstempels das Härtegut ohne weiteres freigeben.

Bei zu schwachen und dünnwandigen Stegen wird zweckmäßig der Radkranz aufgeschrumpft. Würde man in solchen Fällen die Schrumpfkräfte auf den Steg leiten, so wäre ein Verziehen unvermeidlich.

b) Die Unter- und Obermatrizen. Die Untermatrize *a* in Bild 45 hat in der Regel die Form einer ebenen Scheibe, deren obere, das Härtegut tragende Fläche mit Ölkanälen *b* versehen ist. Derartige Untermatrizen kann man für Räder der verschiedensten Formen verwenden, in Sonderfällen sind natürlich auch besonders geformte Untermatrizen erforderlich.

Die dem Härtegut zugekehrte Oberfläche der Obermatrize *c* wird der Form des zu härtenden Rades angepaßt. In Bild 45 entspricht die Obermatrize z. B. dem Kopfkegel des Rades *d*.

Von der richtigen Lage und dem richtigen Querschnitt der Kanäle für die Kühlflüssigkeit hängt sehr viel ab. Ganz allgemein muß man davon ausgehen, daß dort, wo das Härtegut stärkere Querschnitte aufweist als an anderen Teilen, auch eine stärkere Überflutung notwendig ist, um eine gleichmäßige Abkühlung zu erreichen. Dementsprechend müssen die Kanäle angelegt und ihre Querschnitte gewählt werden.

Zu Bild 45 ist noch zu bemerken, daß eine an der Obermatrize angebrachte Schutzhaube bei gesenktem Stempel den Kühlraum verschließt und so eine störende Rauchentwicklung verhindert. Das Kühlmittel fließt oberhalb der Haube durch Schlitze ab.

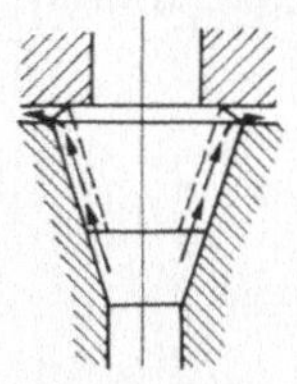

Bild 46. Abkühlen eines Ritzels im Ölstrom der Härtemaschine.

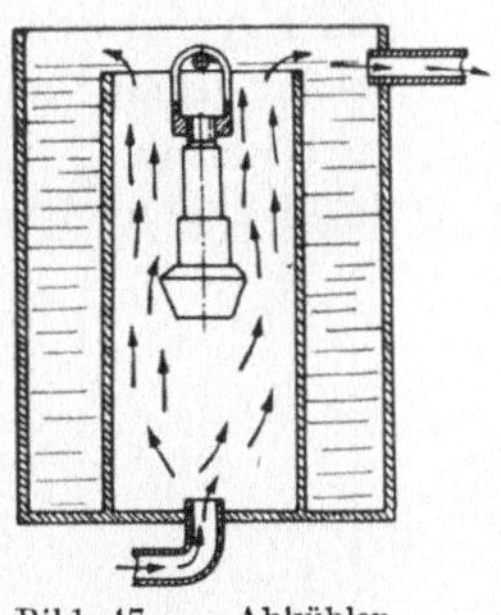

Bild 47. Abkühlen eines Ritzels in einer Röhre, durch die ein Ölstrom geleitet wird.

Hinsichtlich des Härtens von Ritzeln war schon darauf hingewiesen worden, daß auch diese gegebenenfalls auf der Härtemaschine (Bild 44) überflutet werden können, und zwar auf die in Bild 46 schematisch angedeutete Art. Die Abkühlung der Ritzel kann auch in Röhren erfolgen, wie in Bild 47 dargestellt.

d) Kegelradläppmaschine nach dem Schwingungs-Läppverfahren.

Das Zahnradläppen ist aus dem seit Jahrzehnten bekannten Einschmirgeln oder Einlaufen entstanden, bei dem man die Räder in unveränderter Stellung laufen läßt. Das Einlaufen war unbefriedigend, weil das beim Abrollen der Räder auftretende Höhengleiten bekanntlich am Kopf und Fuß der Zähne groß und am Wälzkreis Null ist. Deshalb tritt beim Einlaufen schon nach kurzer Zeit eine Verformung des Profils auf.

Um der Ursache der ungleichförmigen Schleifwirkung entgegen zu arbeiten, erhalten die Räder während des Läppens kleine Zusatzbewegungen, die auch im Wälzkreis eine Verschiebung der Flanken und damit ein gleichförmiges Abschleifen der Zahnoberfläche herbeiführen. Je besser die Läppbewegungen kombiniert und je feinkörniger die Schleifmasse ist, um so größer wird die Oberflächenglätte der Zähne. Bedürfen schon geschliffene Räder in manchen Fällen eines zusätzlichen Läppens, um eine ausreichende Flankenglätte zu erhalten, so ist das Läppen von Rädern für höhere Ansprüche, die mit spanabhebenden Werkzeugen verzahnt sind, geradezu unentbehrlich.

Durch das Läppen wird auch ein Ausgleich etwa vorhandener Unregelmäßigkeiten erzielt. Es wäre zwar ein Irrtum, anzunehmen, durch das Läppen könne man schlecht verzahnte Räder einwandfrei machen. Es ist unmöglich, große Teilung- und Zahnformfehler durch Läppen zu beseitigen. Ebenso falsch wäre auch die Annahme, die Wirkungen des Läppens beschränkten sich auf ein Glätten der Flanken. Durch

Bild 48. Kegelrad-Läppmaschine nach dem Schwingungsläppverfahren.

das Läppen werden beim Verzahnen entstandene Unebenheiten oder auf das Härten zurückzuführende Verzüge der Zähne fortgeschliffen. Kleine Teilungsfehler gleichen sich aus. Flanke und Gegenflanke werden einander angepaßt.

Bei dem Schwingungs-Läppverfahren kommt zu den gebräuchlichen Zusatzbewegungen eine auf Grund umfangreicher Versuche ausgewählte Taumelbewegung, um die Räder in gewissen Grenzen verlagerungsunempfindlich zu machen.

Bild 48 zeigt eine Schwingungs-Läppmaschine für Kegelräder. Auf dem Maschinenbett, das in seinem Innern den Hauptantriebsmotor, die Läpp-Pumpe und die elektrischen Schaltgeräte enthält, liegen die beiden Supporte für die Aufnahme der zu läppenden Räder.

Der Antrieb der Abrollbewegung erfolgt durch den Hauptantriebsmotor, die Zusatzbewegungen werden durch einen besonderen Motor herbeigeführt, für den Umlauf der Läppflüssigkeit ist ein weiterer Motor vorhanden. Ein Schaltwerk für die Drehrichtung der Läppspindeln wird von dem Motor für die Zusatzbewegungen angetrieben. Dieses Schaltwerk stellt die Maschine in kurzen Zeitabständen wechselweise auf Vorwärts- und Rückwärtslauf um.

Die Zusatzbewegungen sind in Größe und Verlauf durch Feinmeßuhren zu überwachen. Sie können unabhängig vom Umlauf der Räder stillgesetzt werden, wenn die zu läppenden oder geläppten Räder abgehört werden sollen.

Die Aufspannvorrichtungen für die zu läppenden Räder müssen natürlich der jeweiligen Form der Räder angepaßt werden. Die Bilder 49 bis 51 zeigen dazu die Ausführungsbeispiele.

7. Einstellen der Wälzfräsmaschine.

a) Einstellen der Fräser.

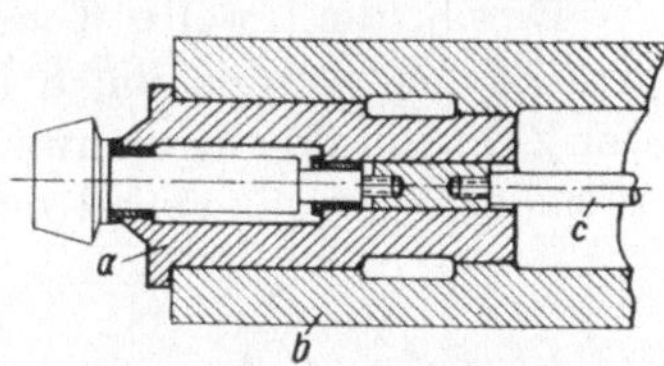
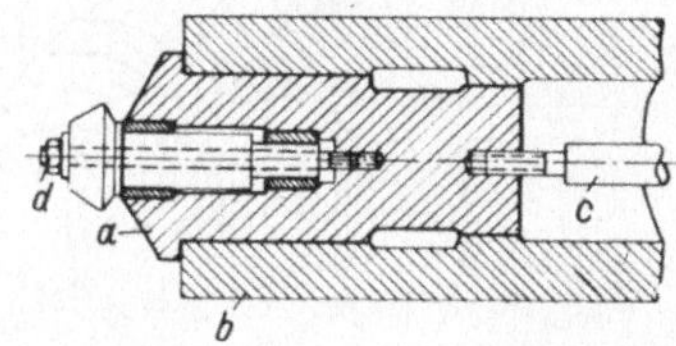
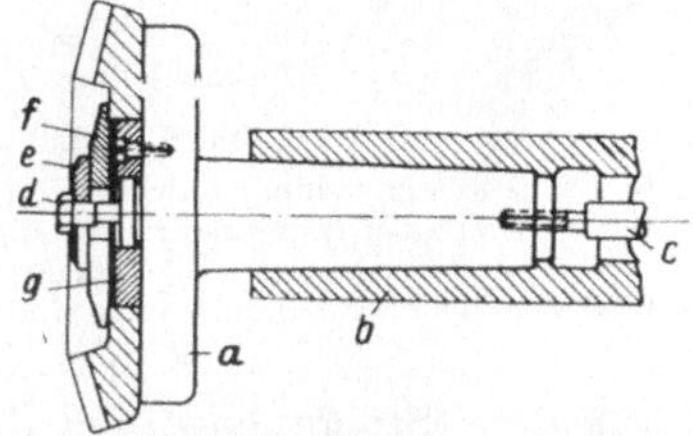

Bild 49 bis 51. Aufspannvorrichtungen für die zu läppenden Räder.

a Aufnahmedorn, *b* Spindel der Läppmaschine, *c* Spannschraube, *d* Befestigungsschraube für das Ritzel, *e, f* Vorlegescheiben, *g* Zentrierscheibe.

Zum Fräsen eines rechtsspiraligen Rades wird ein linksgängiger und zum Fräsen eines linksspiraligen Rades ein rechtsgängiger Fräser benutzt. Die Stellung der Fräser zum Planrad ist in den Bildern 52 und 53 veranschaulicht.

Es sind im wesentlichen nur zwei Einstellbewegungen erforderlich, um den Fräser in seine Arbeitsstellung zu bringen, eine geradlinige Verschiebung und eine Schwenkbewegung des Fräskopfes auf der Planscheibe. Der Fräser ist derart in dem Fräskopf eingesetzt, daß in seiner Ausgangsstellung die Achse der Planscheibe durch einen bestimmten Einstellzahn geht (*a* in Bild 52, 53). Der Fräskopf wird nun auf der Planscheibe um die Strecke M_d (Maschinendistanz) geradlinig verschoben. M_d entspricht, nach unten auf eine ganze Zahl abgerundet, der schon vorher errechneten Innendistanz R_i (s. Seite 14). Ist R_i schon eine ganze Zahl, so wird M_d bei m_n größer als 1 um 0,5 bis 1 mm kleiner als R_i gewählt, bei $m_n = 1$ macht man M_d etwa 0,3 mm kleiner.

Durch die zweite Einstellbewegung, die Schwenkbewegung des Fräskopfes, werden die Schneckengänge des Fräsers in die Richtung der Zahnspirale eingeschwenkt. Es ist ohne weiteres einleuchtend, daß sich der Schwenkwinkel demgemäß aus zwei Größen zusammensetzt,

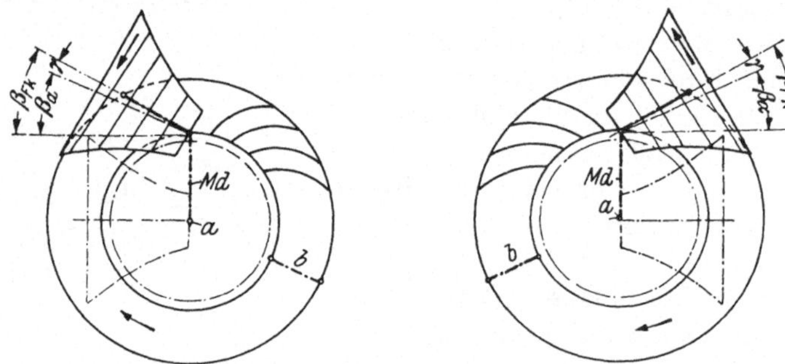

Bilder 52 und 53. Einstellbewegungen des Fräsers.

In der Ausgangsstellung schneidet die Achse der Planscheibe einen bestimmten Einstellzahn a. Der Fräskopf mit dem Fräser wird auf der Planscheibe um die Strecke M_d geradlinig verschoben und um den Winkel β_{Fk} geschwenkt.

Bild 52: Einstellen auf ein rechtsspiraliges Rad. — Bild 53: Einstellen auf ein linksspiraliges Rad.

aus dem Steigungswinkel des Schneckenganges am Einstellzahn a — dieser ist auf jeden Fräser eingeschrieben — und dem Spiralwinkel der Zahnlängskrümmung in demjenigen Punkt, in dem der Einstellzahn a angreift.

Bezeichnet man den Fräskopfeinstellwinkel mit β_{Fk}, den Steigungswinkel des Fräsers mit γ und den hier maßgebenden Spiralwinkel mit β_a, so ist der Fräskopfeinstellwinkel:

$$\beta_{Fk} = \gamma + \beta_a. \tag{64}$$

Voraussetzung für einwandfreies Verzahnen ist, daß der rechtsgängige Fräser am Einstellzahn den gleichen Durchmesser hat wie der linksgängige Fräser, d. h. wenn an einem Fräser ein bestimmter Einstellzahn festgelegt ist, muß am Gegenfräser derjenige Fräserzahn als Einstellzahn benutzt werden, in dessen Bereich der konische Fräser den gleichen Durchmesser hat wie der Gegenfräser im Bereich seines Einstellzahnes. Um diese Bedingung zu erfüllen, wird auf den einzustellenden Fräser ein dünnwandiger Hohlkegel, die sog. Einstellhaube, gestreift. Auf die Haube ist der Durchmesser angezeichnet, nach dem der Fräser eingestellt werden soll. Der Fräser wird nun so axial eingestellt, daß die Spitze eines Einstelldornes auf diese Durchmesserbezeichnung gerichtet ist.

b) Berechnung der Wechselräder und Einstellen auf richtige Zahntiefe.

Wie schon die Beschreibung der Wälzfräsmaschine erkennen läßt, sind vier Wechselradgruppen einzusetzen:

1. Differentialwechselräder.
2. Teilwechselräder.
3. Vorschubwechselräder.
4. Drehzahlsteigerungswechselräder.

Für die Differentialwechselräder gilt die Gleichung:

$$\frac{\text{treibende Räder}}{\text{getriebene Räder}} = \frac{\text{tr} \cdot \text{tr}}{\text{gtr} \cdot \text{gtr}} = \frac{C}{z_p - c} \, . \tag{65}$$

C und c sind Maschinenkonstanten, die von der Konstruktion der einzelnen Maschinenmodelle abhängen. Sie werden jeder Maschine beigegeben. z_p ist die Zähnezahl des Planrades und auf 4 Stellen genau auszurechnen. Bei der Umrechnung des Übersetzungsverhältnisses in Zähnezahlen der Differentialwechselräder sind kleine Abrundungen nicht immer zu vermeiden. Die sich daraus ergebende Abweichung soll 0,004 nicht übersteigen.

Die Gleichung für die Teilwechselräder lautet:

$$\frac{\text{tr} \cdot \text{tr}}{\text{gtr} \cdot \text{gtr}} = \frac{x}{z_1} \quad \text{bzw.} \quad \frac{x}{z_2} \, . \tag{66}$$

z_1, z_2 bedeuten die Zähnezahlen der zu verzahnenden Radkörper. x ist wiederum eine von der jeweiligen Maschine abhängige Maschinenkonstante.

Die Wechselräder für den Vorschub und die Drehzahlsteigerung werden nach den einzelnen Maschinen beigegebenen Tabellen bestimmt.

Bezüglich der Drehzahlsteigerung kann als Richtlinie angesehen werden, daß die Enddrehzahl des Fräsers je nach Werkstoff und Radgröße das 1,5 bis 1,8fache der Anfangsdrehzahl betragen soll; beim Schruppen wählt man unter Umständen noch größere Werte.

Die zu fräsende Zahntiefe wird in einfacher Weise durch das Einschieben eines entsprechenden Endmaßes bestimmt. Dieses Endmaß begrenzt die Vorwärtsbewegung des Maschinengehäuses in die Arbeitsstellung, so daß der Fräser, von Beginn des Arbeitsganges an, auf volle Zahntiefe eingestellt, durch die Schwenkbewegung der Planscheibe allmählich in den zu verzahnenden Radkörper eindringt. Zur Kontrolle der gemeinsamen Zahntiefe dient das auf Seite 68 beschriebene Gerät.

c) Das Einstellen des zu verzahnenden Radkörpers.

Der zu verzahnende Radkörper wird nach zwei Richtungen eingestellt:

1. Einschwenken des den Werkstückspindelstock (a in Bild 54) tragenden Rundsupportes in den Kegelwinkel δ_{p1} oder δ_{p2} des zu verzahnenden Radkörpers.

2. Einstellen des zu verzahnenden Radkörpers auf die richtige Kegeldistanz, d. h. auf den richtigen Abstand der inneren oder äußeren Kante des Zahnkranzes von der Planradmitte (R_i oder R_a in Bild 55 und 56). Diese Einstellung erfolgt durch Verschieben des Werkstückträgers auf dem Rundsupport. Zum Einstellen dient ein Maßstab a, der in einer auf der Planscheibe b befestigten Hülse c geführt wird. Die Kegeldistanz wird an einer Skala d abgelesen. Wird bei einem Rad die Außendistanz R_a und bei dem Gegenrad die Innendistanz R_i eingestellt, so muß beim Ablesen der Skala die Dicke des Anschlagbundes f des Maßstabes berücksichtigt werden.

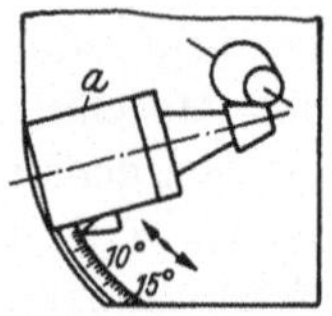

Bild 54. Einschwenken des Werkstück-Spindelstockes in den Kegelwinkel des zu verzahnenden Rades.
a Spindelstock.

Zeigt sich beim Einstellen der Maschine, daß die Tragbilder zu nahe am kleinen oder großen Durchmesser des Radkörpers liegen, so wird der Einstellkegelwinkel beim Fräsen des Ritzels um 5 bis 10′ vergrößert oder verkleinert (Bild 54).

Vergrößerte Kegelwinkeleinstellung verschiebt das Tragbild zum großen Durchmesser und vergrößert seine Schräglage (Bild 57).

Verkleinerte Kegelwinkeleinstellung verschiebt das Tragbild zum kleinen Durchmesser und vermindert die Schräglage des Tragbildes (Bild 58).

Ganz allgemein ist schon beim Fräsen des ersten Radpaares besonders auf einwandfreies Flankentragen zu achten. Schlecht gefräste Räder erfordern lange Läppzeiten und sind auch durch langes Läppen nicht restlos in Ordnung zu bringen.

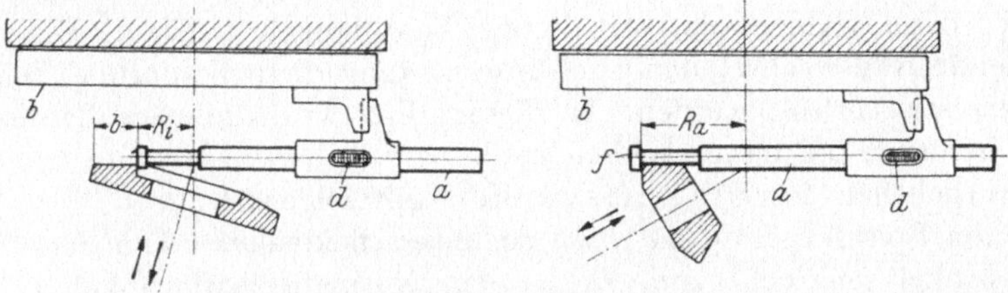

Bilder 55 und 56. Einstellen des zu verzahnenden Radkörpers auf die richtige Kegeldistanz.
a Maßstab, b Planscheibe, c Führungshülse für den Maßstab, d Skala zum Ablesen der eingestellten Distanz.

Die Form der fehlerhaften Tragbilder läßt auf die Art der beim Fräsen vorgekommenen Fehler schließen. Einige öfter vorkommende Fehler sind in den Bildern 59 bis 62 dargestellt.

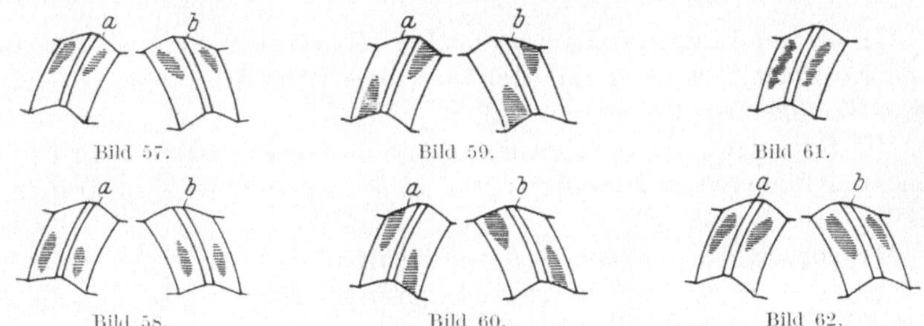

Bild 57.   Bild 59.   Bild 61.

Bild 58.   Bild 60.   Bild 62.

Bilder 57 bis 62. Beobachtung der Tragbilder beim Fräsen.
a Radzahn, b Ritzelzahn.

Bild 57: Wirkung einer vergrößerten Kegelwinkeleinstellung. — Bild 58: Wirkung einer verkleinerten Kegelwinkeleinstellung. — Bild 59: Der Ritzelfräser wurde auf einen zu großen Durchmesser eingestellt. — Bild 60: Der Tellerradfräser wurde auf einen zu großen Durchmesser eingestellt. — Bild 61: Unsaubere Gegenkörner im Fräskopf bringen die Fräser zum Schlagen und rufen Fleckentragen hervor. — Bild 62: Gute Tragbilder haben diese Form.

Bei den Zähnen nach Bild 59 wurde der Ritzelfräser und nach Bild 60 der Tellerradfräser auf einen zu großen Durchmesser eingestellt.

Unsaubere Gegenkörner im Fräskopf bringen die Fräser zum Schlagen und rufen Fleckentragen hervor (Bild 61).

Gute Tragbilder haben die in Bild 62 dargestellte Form.

8. Konstruktion der Räder.

a) Wahl der Spiralrichtung und des Eingriffswinkels.

Es ist gebräuchlich, die Spiralrichtung der Palloid-Spiralkegelräder so zu wählen, daß die hohen Zahnflanken treiben. Hat das treibende Rad wechselnden Drehsinn, so kann diese Forderung freilich nicht restlos erfüllt werden. In diesem Fall wird diejenige Zahnseite hohl geformt, die hauptsächlich treibt.

Hinsichtlich des Eingriffswinkels gilt folgendes:

Beim Spiralkegelrad hat man zu unterscheiden zwischen dem Eingriffswinkel senkrecht zum Zahn, dem Normaleingriffswinkel α und dem Eingriffswinkel in Umfangsrichtung des Rades: dem Stirneingriffswinkel α_s.

Zwischen dem Normaleingriffswinkel α einerseits und dem Stirneingriffswinkel α_{si} am Innenrand des Zahnkranzes bzw. α_{sa} am Außenrand des Zahnes bestehen die Beziehungen:

$$\operatorname{tg}\alpha_{si} = \frac{\operatorname{tg}\alpha \cdot R_i}{\varrho}, \qquad \operatorname{tg}\alpha_{sa} = \frac{\operatorname{tg}\alpha \cdot R_a}{\varrho}. \qquad (67)\ (68)$$

Genormter Eingriffswinkel ist nach DIN 867 20°. Sofern angängig, erhalten auch Palloid-Spiralkegelräder einen Eingriffswinkel $\alpha = 20°$, so z. B. allgemein im Maschinenbau.

Mit Rücksicht auf die Eigenart der Spiralkegelräder werden in besonderen Fällen auch andere Eingriffswinkel benutzt (s. Zahlentafeln 5 bis 7, Seite 16 bis 18).

Maßgebend für die Größe des Eingriffswinkels sind die Anforderungen, die an die Kegelradgetriebe gestellt werden. Kommt es in erster Linie auf geräuschlosen Gang an, wie z. B. in Personenwagen, so wählt man einen kleinen Eingriffswinkel, z. B. 15°; kommt es aber hauptsächlich auf große Übertragungsfähigkeit an, z. B. in Lastwagen, so nimmt man einen größeren Eingriffswinkel. Bei Zahnrädern mit kleinen Eingriffswinkeln wirkt sich die Gleitbewegung in Richtung der Zahnhöhe stärker aus als bei Zahnrädern mit größerem Eingriffswinkel. Bei diesen tritt die Wirkung des Höhengleitens hinter diejenige der Abrollbewegung zurück.

b) Zahnformen.

Über die Wahl der Zahnformen gibt Berechnungstafel 21, Seite 41 Auskunft.

c) Äußere Gestaltung der Zähne.

Bei der äußeren Gestaltung der Zähne ist folgendes zu beachten:
Die Zähne von Palloid-Spiralkegelrädern sind innen und außen
gleich hoch. Infolgedessen sind die Kopf- und Teilkegelwinkel gleich
groß.

Wie allgemein bei Kegelrädern gebräuchlich, verlaufen die Stirnflächen a in Bild 63 der Zähne im Regelfalle rechtwinklig zum Kopf-
kegelmantel. Man läßt meist die Stirnflächen des einen Rades mit
den Stirnflächen des Gegenrades abschneiden (vgl. Bild 23). Häufig
weicht man aber auch aus baulichen oder fabrikationstechnischen

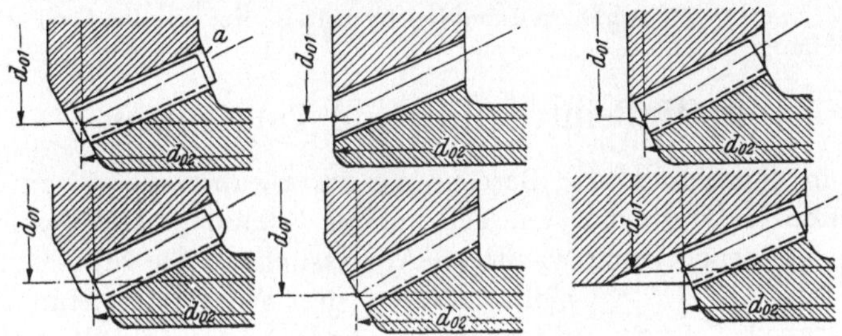

Bilder 63 bis 68. Häufig vorkommende Zahnformen.

Gründen von dieser Regel ab. Die Bilder 63 bis 68 bieten dafür einige
Beispiele.

Verzahnungstechnisch ist gegen derartige Maßnahmen nichts einzu-
wenden. Bei der Bemaßung ist in jedem Falle von den Teilkreisen d_{o1}
und d_{o2} auszugehen. Zu beachten ist ferner, daß Gewähr für einwandfreie Einstellung der Wälzfräsmaschine nur die rechtwinklige Stirnfläche bietet, was ohne weiteres einleuchtet, wenn man sich die Art
der Einstellung vergegenwärtigt (s. Bild 55, 56). Sind die Stirnflächen
der Zähne anders gestaltet, so verwendet man zweckmäßig für das
Einstellen der Maschine Meisterräder mit rechtwinklig zum Zahn ver-
laufenden Stirnflächen.

Die Zahngestaltung nach Bild 68 wird vielfach gewählt, wenn die
Zähne des fliegend angeordneten Ritzels aus der Welle herausgefräst
werden. Über die Frage, ob ein solcher Zahn oder ein abgesetzter
Zahn eine größere Dauerhaltbarkeit gewährleistet, gibt ein Unter-
suchungsbericht „Dauerhaltbarkeit von Ritzelwellen" von Dr. Ernst
Lehr, Z. VDI Bd. 81 (1937) S. 117, eine ausführliche Auskunft. Das

Ergebnis der im Staatlichen Materialprüfungsamt Berlin-Dahlem gemachten Untersuchungen, die sich auf Geradzahnkegelräder bezogen, wird in diesem Bericht wie folgt zusammengefaßt:

„Die Versuche zeigen, daß der Zahndruck, den eine Ritzelwelle der genannten Abmessungen (35 mm Ritzelwellendurchmesser) mit durchgefrästen Zähnen auszuhalten vermag, 790 kg beträgt, während die Ritzelwelle mit Hinterdrehung am Auslauf der Zähne im Grenzfall nur einen Zahndruck von 545 kg auf die Dauer zu ertragen vermag. Wird das höchste praktisch vorkommende Drehmoment von 775 kg/cm entsprechend einem Zahndruck von 575 kg von der Welle übertragen, so würde bei der Ausführungsform mit Hinterdrehung die Grenze der Dauerhaltbarkeit überschritten werden. Durch die Versuche ist die gestellte Frage eindeutig zugunsten der Ritzelwelle mit durchlaufenden Zähnen dahin geklärt, daß diese eine um 45% höhere Dauerhaltbarkeit besitzt als die Ritzelwelle mit Hinterdrehung."

d) Maßeintragung und Toleranzen.

Die in dem Abschnitt „Berechnung der Hauptabmessungen" (S. 8) ermittelten Maße dienen zum Teil nur als Grundlage zur Bestimmung der bei der Bearbeitung wichtigen Abmessungen. Sie brauchen selbst nicht alle in die Werkstattzeichnung eingetragen zu werden. Als Richtlinie für die zweckmäßige Bemaßung der Werkstattzeichnung dient Bild 69.

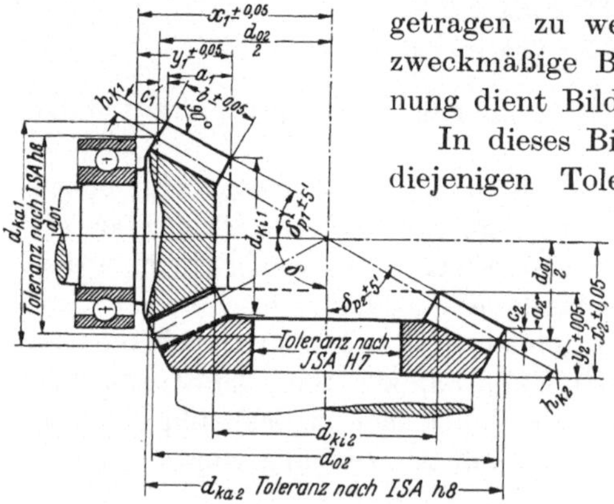

In dieses Bild sind als Richtwerte auch diejenigen Toleranzen eingetragen, die bei höheren Anforderungen an die Räder zu empfehlen sind.

Hinsichtlich der Tolerierung ist stets davon auszugehen, daß es hier in der Hauptsache darauf ankommt, den Abstand von der Anlagefläche des Rades bis zu derjenigen Kante des Zahnkranzes genau einzuhalten, nach der das Rad auf der Wälzfräsmaschine eingestellt wird. So ist z. B. eine enge Tolerierung des Radaußendurchmessers an sich nicht erforderlich, weil ja das verhältnismäßig große Kopfspiel gewisse Abweichungen zuläßt.

Bild 69. Bemaßung und Tolerierung eines Kegelradpaares.

Wichtig ist aber das genaue Einhalten des Durchmessers für das Einstellen der Maschine. Stellt man die Maschine nicht nach den zu verzahnenden Radkörpern, sondern nach Meisterrädern ein, so sind unter Umständen größere Abweichungen zulässig.

Für den Rund- und Planlauf, sowie für die Einbautoleranzen gelten bei höheren Ansprüchen folgende Richtwerte:

Berechnungstafel 22. Rund- und Planlauftoleranzen.

	Prüffläche	Vor dem Verzahnen und Härten	Nach dem Härten
A	Umfang	0,02 mm	bis 300 mm ⌀ bis 0,05 mm über 300 „ ⌀ „ 0,12 „
B	Planfläche	0,02 mm	bis 300 mm ⌀ bis 0,05 mm über 300 „ ⌀ „ 0,12 „

Berechnungstafel 23. Einbautoleranzen.

Zulässige Beweglichkeit der Kegelräder in Längs- und Querrichtung ihrer Achse:

$$\text{bis Normalmodul } 2 = 0,05 \text{ mm}$$
$$\text{über } \quad „ \quad 2 = 0,1 \text{ mm}$$

Zulässiges Abbiegen des Tellerrades vom Ritzel:

$$\text{bis Normalmodul } 2 = 0,1 \text{ mm}$$
$$\text{über } \quad „ \quad 2 = 0,2 \text{ mm}$$

Verdrehflankenspiel:

$$\text{bis Normalmodul } 2 = \infty\, 0,05 \text{ bis } 0,15 \text{ mm}$$
$$\text{über } \quad „ \quad 2 = \infty\, 0,2 \text{ mm}$$

e) Schmierung.

Die Zähne von Palloid-Spiralkegelrädern werden in der Regel stetig geschmiert.

Für geringe Zahngeschwindigkeiten reicht eine Fettschmierung aus. Sie hat den Vorzug, daß sie keine besonderen Anforderungen an die Abdichtung des Gehäuses stellt. Es ist ein Fett zu wählen, das bei der Betriebstemperatur so weit flüssig wird, daß die an die Gehäusewand geschleuderten Mengen zum Sumpf zurücklaufen. Andernfalls besteht die Gefahr, daß ein Hohlraum in das Fett eingegraben wird und die Zähne nicht mehr mit dem Fett in Berührung kommen.

Im allgemeinen, ganz besonders aber für größere Geschwindigkeiten empfiehlt sich eine Ölschmierung. Für eine Zahngeschwindigkeit bis etwa 10 m/sek reicht eine drucklose Ölschmierung aus. Bei noch größeren Geschwindigkeiten wird das Öl zweckmäßig unter Druck zugeführt.

Die Schmierung von Schraubenkegelrädern erfordert besondere Beachtung. Darauf geht der Abschnitt „Schraubenkegelräder“ Seite 74 näher ein.

Neben einer ausreichenden Schmierung der Räder muß auch die Schmierung der Lager sorgfältig beachtet werden. Das gilt ganz besonders für Kegelrollenlager. Hoch beanspruchte Kegelrollenlager werden zweckmäßig durch den vom Tellerrad in Umlauf gebrachten Ölstrom laufend geschmiert, für den dann besondere Zuleitungskanäle vorgesehen werden. Auch Ableitungskanäle dürfen nicht vergessen werden.

9. Arbeitsplan zur Herstellung eines Kegelradpaares.

Einwandfreie Laufergebnisse der Spiralkegelräder setzen eine sorgfältige und einwandfreie Bearbeitung in allen Arbeitsstufen voraus. Auf die bei der Bearbeitung besonders wichtigen Maßnahmen weist der folgende Arbeitsplan zur Herstellung eines Kegelradpaares aus Einsatzstahl besonders hin.

Arbeitsplan 1. Schmieden der Radkörper.

Lfd. Nr.	Arbeit	Vorgang
1	Abschneiden der Stücke	Beim Tellerrad-Rohling werden die Stücke vom Knüppelmaterial abgeschnitten. Es sind nicht zu starke Knüppel zu verwenden, damit die Stücke gut durchgeschmiedet werden müssen
2	Ausschmieden	Tellerrad-Rohling: Stauchen und Ausschmieden. Ritzel: Rundschmieden und Stauchen des Zahnkopfes
3	Aufdornen	Nur beim Tellerrad-Rohling. Das Aufdornen ist für die Verbesserung des Faserverlaufes sehr wichtig
4	Pressen	Die ganaue Formgebung beim Pressen erspart Dreharbeit
5	Glühen	Die geschmiedeten oder gepreßten Rohlinge werden nach dem Erkalten durch Glühen entspannt

Arbeitsplan 2. Bearbeiten der Radkörper.

Lfd. Nr.	Arbeit	Vorgang
1	Vordrehen	Die Radkörper werden bis auf eine Werkstoffzugabe von etwa 1 mm vorgedreht
2	Zwischenglühen	Um etwa noch vorhandene und durch das Vordrehen entstandene Spannungen zu beseitigen, werden die Räder zwischengeglüht (Glühtemperatur je nach Werkstoff)
3	Fertigdrehen	Beim Fertigdrehen ist ganz besonders auf genauen Planlauf der Rückenfläche und Rundlauf der Bohrung zu achten
4	Schraubenlöcher bohren	Schraubenlöcher bohren, Gewinde schneiden und ähnliche Arbeiten
5	Schleifen	Mit Übermaß für das Fertigschleifen nach dem Härten
6	Verzahnen	In der Serienfabrikation sind die Zähne der Tellerräder getrennt zu schruppen und zu schlichten
7	Entgraten	Das Entgraten der scharfen Zahnkanten geschieht bei kleinen Mengen mit der Feile, sonst maschinell. Es ist zu beachten, daß keine neuen Kanten entstehen
8	Kontrolle	Für das Drehen gelten die üblichen Kontrollen. Für das Verzahnen ist wichtig, daß nach jedem Neueinstellen der Verzahnmaschine und jedem Fräserscharfschliff die Flankenanlage von Rad und Gegenrad kontrolliert wird. Wichtig ist auch, den Eingriff eines noch nicht gehärteten Ritzels mit einem gehärteten Tellerrad zu prüfen

Arbeitsplan 3. Einsetzen und Härten.

Lfd. Nr.	Arbeit	Vorgang
1	Einsetzen	Das Einsetzen erfolgt je nach dem Werkstoff nach den Vorschriften der Lieferwerke (Einzelheiten siehe die Ausführungen am Ende dieser Arbeitspläne
2	Vorwärmen	Vorher Räder vom Einsatzpulver säubern
3	Auf Härtetemperatur erhitzen	Tellerräder müssen auf einer geeigneten Unterlage, z. B. einer ebenen Platte erhitzt werden
4	Härten	Tellerräder werden in der Härtemaschine gehärtet (siehe Seite 47). Auch Ritzel können in dieser abgekühlt werden, andernfalls verwendet man für Ritzel Einrichtungen wie unten beschrieben

Arbeitsplan 4. Schleifen und Läppen.

Lfd. Nr.	Arbeit	Vorgang
1	Schleifen der später als Anlage dienenden Stirnfläche	Bei Tellerrädern ist in der Regel ein Schleifen der Rückenflächen entbehrlich, wenn alle Vorarbeiten sorgfältig ausgeführt werden
2	Bohrungsschleifen oder, wenn die Räder außen aufgenommen werden, Schleifen der Nabe	Beim Aufspannen zum Schleifen ist auf das Einhalten der Rund- und Planlauftoleranzen zu achten (siehe Seite 62)
3	Läppen	Die einzustellenden Läppbewegungen werden von der geforderten Verlagerungsfähigkeit bestimmt
4	Abschlußkontrolle	Einzelheiten siehe Seite 53

10. Prüfen der verzahnten Räder.

a) Kontrolle der Einbaumaße.

Beim serienmäßigen Einbau von Kegelrädern kommt es darauf an, daß alle Räder innerhalb vorgeschriebener Grenzen den gleichen Abstand vom Schnittpunkt der Achsen bis zur Stirnanlage des Kegelrades haben. Der Bestimmung und Kontrolle dieses Einbaumaßes dienen verschiedene Geräte.

Zum Einstellen der Abrollprüfmaschine nach den vorgeschriebenen Einbaumaßen verwendet man Kaliber, wie sie in Bild 70 dargestellt sind. Die Wirkungsweise der Kaliber ist aus dem Bild ohne weiteres zu erkennen. Nimmt man nun beim Verzahnen einzelne Radsätze stichprobenweise auf die so eingestellte Prüfmaschine, so zeigt ein Abrollen der Räder, ob sie in der Getriebestellung einwandfrei laufen werden. Die gleichen Kaliber verwendet man auch zum

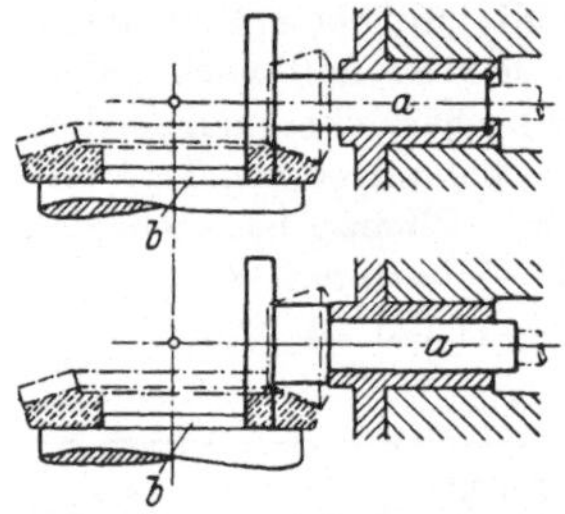

Bild 70. Das Einstellen der Prüf- und Läppmaschine mittels Kaliber. Die Radspindeln werden so eingestellt, daß sich die Stirnfläche des Kalibers a an dem Zentrieransatz b der Tellerradaufnahme und der Umfang das Kaliber an der Stirnfläche der Tellerradaufnahmen abstützt.

Einstellen der Läppmaschine. Die Kaliber müssen in der Spindelbohrung stets an der Fläche anliegen, an der sich auch das Ritzel abstützt (vgl. die obere und untere Bildhälfte).

Im Kraftwagenbau kontrolliert man die richtige Einbaudistanz vielfach auch mit einem Gerät nach den Bildern 71 bis 73. Bild 72 zeigt

Bild 71.

Bild 72.   Bild 73.

Bilder 71 bis 73. Gerät zur Kontrolle des Einbaumaßes.

Bild 71/72 auf der Prüf- und Läppmaschine. Bild 73 im Differentialgehäuse eines Kraftwagens. *a* Ritzel, *b* Spindelkopf der Läppmaschine, *c* Differentialgehäuse, *d* Prüfgerät, *e* Zentrierscheibe, *f* Feinmeßuhr, *g* Führungsdorn für die Läppmaschine, *h* Führungsdorn für das Differentialgehäuse, *i* Anschlag zum Justieren des Gerätes.

Bei einem Vergleich der Prüfgeräte nach Bild 71 bzw. 72 und 73 ist zu beachten, daß die Darstellung der Bilder 72 und 73, der größeren Anschaulichkeit halber, vereinfacht wurde. Es handelt sich in allen Bildern um das gleiche Gerät.

das Ritzel *a*, eingesetzt in den Spindelkopf *b* einer Geräuschprüf- oder Läppmaschine und Bild 73 in das Differentialgehäuse *c* eines Kraftwagens.

Es kommt darauf an, daß beide Einstellungen übereinstimmen. Das wird mit dem Gerät d kontrolliert. Das Gerät besteht aus einer ringförmigen Zentrierscheibe e und einer Feinmeßuhr f. Die Zentrierscheibe wird bei der Läpp- und Geräuschprüfmaschine auf einen am Aufnahmeflansch für das Tellerrad befestigten Dorn g und den beim Differentialgehäuse auf einen in den Lagerbohrungen der Hinterachse geführten Dorn h gesteckt. Justiert wird die Stellung der Meßuhr durch ein winkelförmiges Anschlagestück i. Der Abstand der Paßfläche dieses Anschlagestückes von der Achse des Tellerrades entspricht dem Sollmaß: Stirnfläche des Ritzels bis Mitte Tellerrad.

b) Kontrolle der gemeinsamen Zahnhöhe.

Die Kontrolle der richtigen Einbaumaße mittels Kaliber setzt natürlich die Anfertigung großer Mengen gleichartiger Räder voraus. Bei der Einzelfertigung kontrolliert man zweckmäßig die gemeinsame Zahnhöhe h (Bild 74 bis 76), weil auch das gleichmäßige Einhalten der Zahnhöhe eine Voraussetzung für das Einhalten der richtigen Einbaumaße ist.

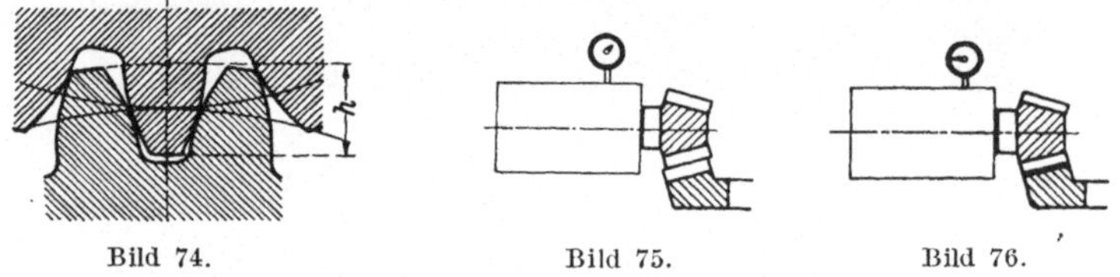

Bild 74.   Bild 75.   Bild 76.

Bilder 74 bis 76. Kontrolle der gemeinsamen Zahnhöhe.

Zunächst läßt man die Räder mit ihren Kopfflächen anliegen (Bild 75) und bringt sie dann in richtigen Eingriff. Aus der Größe der Verschiebung läßt sich die gemeinsame Zahnhöhe bestimmen.

Ergibt die Kontrolle eine zu kleine gemeinsame Zahnhöhe, so sind bei gleich großen Rädern beide, bei verschieden großen Rädern das kleinere des Radpaares, tiefer zu schneiden.

Da die Zähne der Palloid-Spiralkegelräder über ihre ganze Länge gleich hoch sind, kann die gemeinsame Zahnhöhe sehr leicht nach dem in den Bildern 74 bis 76 veranschaulichten Verfahren festgestellt werden.

Man stellt die Räder zunächst auf der Prüf- oder Läppmaschine auf richtige Zahnanlage ein (Bild 74). Dann zieht man das Ritzellager so weit zurück, daß sich die Zähne der beiden Räder mit ihren Köpfen berühren (Bild 75). Bei richtiger gemeinsamer Zahnhöhe muß dann die von der Meßuhr angezeigte Verschiebung V des Ritzellagers den Wert ergeben:

$$V = \frac{2 \cdot m_n}{\cos \delta_{p\,1}}. \tag{69}$$

c) Kontrolle der äußeren Radabmessungen, soweit sie unmittelbar mit der Verzahnung zusammenhängen.

Verzahnung und Laufflächen müssen gleichmittig sein. Oft werden die Kegelräder während der Bearbeitung am Umfang und im Betrieb mit der Bohrung aufgenommen; dann müssen auch Umfang und Bohrung gleichmittig sein.

Die Gleichmittigkeit des Radumfanges mit seiner Bohrung wird vielfach mit dem in Bild 77 dargestellten Gerät geprüft. Die Wirkungsweise des Gerätes ist aus dem Bild ohne weiteres zu erkennen.

d) Messen des Flankenspiels.

Nach den Anweisungen des Merkblattes für Stirnradfehler, herausgegeben vom Ausschuß für Verzahnmaschinen bei der Fachgruppe Werkzeugmaschinen, versteht man unter Eingriffsflankenspiel den auf der Eingriffslinie vorhandenen Abstand zweier Rechtsflanken eines kämmenden Räderpaares, dessen Linksflanken

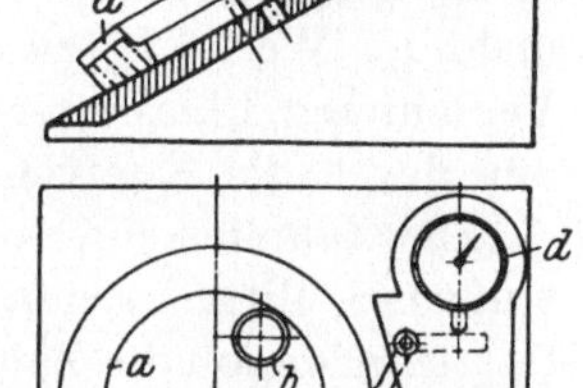

Bild 77. Gerät zur Kontrolle des Rundlaufs.

a Tellerrad, *b* auf Kugeln laufende Führungsrollen, *c* Taster, *d* Feinmeßuhr.

außerhalb des Bereiches des Flankeneintrittsspieles aneinanderliegen. Wird vom Flankenspiel schlechthin gesprochen, so ist darunter stets das Eingriffsflankenspiel zu verstehen. Ausdrücklich hiervon zu unterscheiden ist das „Verdrehungsflankenspiel", d. i. die Länge des Wälzkreisbogens zwischen den oben festgelegten Flanken.

Vom Standpunkt der Verzahnung interessiert hauptsächlich das Eingriffsflankenspiel, vom Standpunkt der Konstruktion das Verdrehungsflankenspiel, denn dem Konstrukteur kommt es darauf an, festzulegen, um welches Bogenmaß sich die Wälzkreise der Räder drehen dürfen, bevor die Gegenflanken zur Anlage kommen.

Das Verdrehungsflankenspiel kann auf der Prüf- und Läppmaschine leicht festgestellt werden. Dort kann ein federnd in Hochlage gehaltener, zweiarmiger Schleppzeiger mit seinem einen Arm auf den Aufnahmeflansch für das eine Kegelrad des zu prüfenden Radpaares gesenkt werden. Dreht man nun dieses Rad um den Betrag des Flankenspieles hin und her, so zeigt eine mit dem zweiten Arm des Schleppzeigers verbundene Feinmeßuhr das Verdrehungsspiel der Räder an.

e) Kontrolle der Lückenweite.

Bei der Beurteilung der Zahnlückenkontrolle ist zu berücksichtigen, daß ein bestimmter Fräserzahn die ihm zugewiesenen Teile der Zähne eines Palloid-Spiralkegelrades vom Kopf bis zum Fuß fertig schneidet. Von einem bestimmten Abstand von der Kegelspitze liegende Teile sämtlicher Zähne eines Rades werden infolgedessen von dem gleichen Fräserzahn geschnitten. Deshalb sind Unterschiede in der Lückenweite nicht im Werkzeug zu suchen, sondern in erster Linie darin, daß die Verzahnung Plan- oder Rundlaufschlag hat. Auch Härteverzüge werden durch die Kontrolle der Lückenweite ermittelt.

Die Zahnlückenweite-Kontrolle ist auch als Vergleichsmessung ein einfaches Mittel, schon beim Verzahnen, also auf der Fräsmaschine, festzustellen, ob die Zahnlücken die richtige Tiefe haben, die vorhanden sein muß, um die vorgeschriebene Einbaudistanz einzuhalten. Geräte für diese Messung werden auf den Umfang des Radaufnahmeflansches der Fräsmaschine gesetzt. Zur Justierung der Geräte benutzt man Meisterräder.

f) Messen der Teilung.

An Zahnrädern ist zu unterscheiden zwischen Teilkreis- und Eingriffsteilfehlern. Praktisch bedeutungsvoll sind für Palloid-Spiralkegelräder, wie für alle mit einem schneckenförmigen Werkzeug verzahnten Räder, die Teilkreisteilungsfehler. Von diesem kommen dem Summenteilfehler und dem Teilungssprung besondere Bedeutung zu. Unter dem Summenteilfehler ist der Unterschied der Summe von n aufeinanderfolgenden Teilungen von ihrem Sollwert $n \cdot t$ zu verstehen. Mit Teilungssprung bezeichnet man die Ungleichmäßigkeit der Teilung, d. h. die Abweichungen der aufeinanderfolgenden Teilungen voneinander.

Der Summenteilungsfehler kann in einer Winkelmessung mit Theodolit und Kollimator ermittelt werden.

Die Messung des Teilungssprunges erfolgt mit einem Zusatzgerät zu dem Klingelnberg-Kegelrad-Abrollgerät, das weiter unten noch beschrieben wird. Dieses Zusatzgerät arbeitet mit zwei Fühlhebeln, die auf eine beliebige erste Teilung des Rades auf Null eingestellt werden können. Dann wird der das Zusatzgerät tragende Tisch herausgeschwenkt, das Rad um eine Teilung weitergeteilt und die Fühlhebel wieder in Eingriff gebracht. Nach Verdrehen des Rades, bis einer der Fühlhebel Null zeigt, wird die Abweichung der zweiten Teilung von der ersten am anderen Fühlhebel abgelesen und so fort. Mit dem beschriebenen Gerät wird der Teilungssprung senkrecht zum Zahn (Normalteilung) gemessen. Die Fehler in Umfangsrichtung des Rades ergeben sich daraus durch Dividieren mit dem Kosinus des Spiralwinkels β.

Aus den Fehlern des Teilungssprunges in Umfangsrichtung des Rades kann auch der Summenteilfehler errechnet werden, wenn man zunächst die Meßwerte sämtlicher Teilungssprünge addiert und diese durch die Zahl der Teilungen teilt. Das Ergebnis stellt den Mittelwert der Meßwerte dar, z. B. Summe der Meßwerte + 48, Anzahl der Teilungen 24, Mittelwert $+ 48 : 24 = +2$. Der Einzelteilfehler jeder Teilung wird dadurch gefunden, daß man den Mittelwert vom jeweiligen Meßwert abzieht, z. B. Meßwert $= 0$, Mittelwert $= +2$, Einzelteilfehler $= 0 - (+2) = -2$. Aus den Einzelteilfehlern wird der Summenteilfehler durch Addition gefunden, z. B. Einzelteilfehler von drei aufeinanderfolgenden Teilungen: -2, $+3$, $+5$, Summenteilfehler $= +6$. Werden die Summenteilfehler in einem Diagramm niedergelegt, so bezeichnet man den Abstand vom größten Pluswert zum größten Minuswert als Gesamtteilfehler.

g) Abrollprüfung.

Zuverlässigen Aufschluß über die Laufeigenschaften der Spiralkegelräder, wie der Kegelräder überhaupt, bietet die Tragbildkontrolle, d. h. eine Kontrolle der Flankenanlage. Man bringt die beiden zu prüfenden Räder eines Radpaares in der Getriebestellung, also mit dem vorgesehenen Flankenspiel, in Eingriff. Die Anlageflächen, die sog. Tragbilder, werden dann durch Antuschieren der Flanken der umlaufenden Räder sichtbar gemacht.

Hat man sich von der einwandfreien Gestaltung des Tragbildes in der vorgeschriebenen Einbaustellung überzeugt, oder die hinsichtlich der Tragbildgestaltung günstigste Einbaustellung ermittelt, so folgt die Abrollprüfung, und zwar entweder als Abhörprüfung auf der Geräuschprüfmaschine oder als Achsenwinkelprüfung auf dem Zweiflanken-Abrollprüfgerät für Kegelräder.

Das nach dem Pendelprüfverfahren von der Firma Klingelnberg
für Kegelräder besonders durchgebildete Zweiflanken-Abrollprüfgerät
(Bild 78) entspricht der Natur der Kegelradprüfung in seinem grund-
sätzlichen Aufbau insofern, als die Fehleranzeige durch eine Pendel-
bewegung um die Teilkegelspitze erfolgt, wobei die volle Flankenanlage
trotz des spielfreien Laufes unter dem diese Prüfung erfolgt, erhalten

Bild 78. Abrollprüfgerät für Kegelräder.
Die Räder pendeln bei etwaigen Verzahnungsfehlern um die Kegelspitze.

bleibt. Die beim Abrollen auftretenden Änderungen im Achsenwinkel
werden von einer Feinmeßuhr angezeigt; sie werden außerdem als
Kreisdiagramm selbstschreibend aufgezeichnet.

h) Abhör- und Laufprüfung bei betriebsmäßigen Drehzahlen.

Wie oben schon angedeutet, besteht eine weitere Art der Kegelradprüfung darin, sie in der betriebsmäßigen Stellung und mit den Drehzahlen des praktischen Betriebes laufen zu lassen und die Güte der
Räder nach dem Geräusch zu beurteilen. Die Stärke des Geräusches

wird vielfach durch einfaches Abhören, in manchen Fällen aber auch durch Schallmeß- oder Schwingungsmeßeinrichtungen bestimmt.

Die Prüfung erfolgt entweder auf einer besonderen, mit möglichst geräuschlos laufenden Lagern und stufenloser Drehzahlregelung versehenen Maschine, der Geräuschprüfmaschine, oder auf einem dem Sonderfall angepaßten Laufprüfstand.

Einen derartigen Prüfstand, und zwar den Betriebsverhältnissen der Kraftwagen angepaßt, zeigt Bild 79. Der Geschwindigkeitsanzeiger

Bild 79. Prüfstand für Spiralkegelräder, den Betriebsbedingungen der Kraftwagen angepaßt.

zeichnet die Fahrgeschwindigkeit an, die die jeweilige Drehzahl des zu prüfenden Getriebes ergeben würde. Der Antriebsmotor ist im Nebenraum aufgestellt, um möglichst Nebengeräusche auszuschalten. Nach dem Abstellen des Motors läuft das Getriebe durch die Wirkung der auf der rechten und linken Bildhälfte erkennbaren Schwungscheiben längere Zeit aus, so daß die Betriebsbedingungen der Räder auch im Schub untersucht werden können.

i) Prüfung auf Tragfähigkeit.

Ein Versuchsstand zur Bestimmung der Tragfähigkeit von Kegelrädern ist in Bild 80 dargestellt. Dieser Versuchsstand arbeitet nach dem für die Prüfung von Zahnrädern erstmalig von H. Grob [Bestimmung des Wirkungsgrades von Zahnrädern, Z. VDI Bd. 55 (1911)

Nr. 34 S. 1435] angegebenen Energiekreislaufverfahren. Dieses Verfahren gestattet im Gegensatz zum Energiedurchlaufverfahren eine Kleinhaltung des Antriebsmotors und damit der Arbeitsenergie, da dieser nur die Reibungskräfte der Zahnräder, Lager usw. zu überwinden hat, während die Belastung der Zahnflanken durch Verspannung federnder Wellen aufgebracht wird.

Auf der Maschine laufen gleichzeitig zwei Getriebe mit je einem Räderpaar a und b, die mittels zweier elastischer Wellen miteinander verbunden sind. Entweder können beide Getriebe aus Prüflingen bestehen, dann handelt es sich um einen Vergleichsversuch, oder nur das eine Getriebe besteht aus Prüfrädern, nämlich dann, wenn eine Einzeluntersuchung zweckmäßig erscheint. In diesem Falle haben die Räder des zweiten Getriebes lediglich die Aufgabe, die Energie zurückzuleiten. Sie werden zweckmäßiger größer und übertragungsfähiger ausgeführt als die Prüflinge, um die Beanspruchung und Abnutzung gering zu halten.

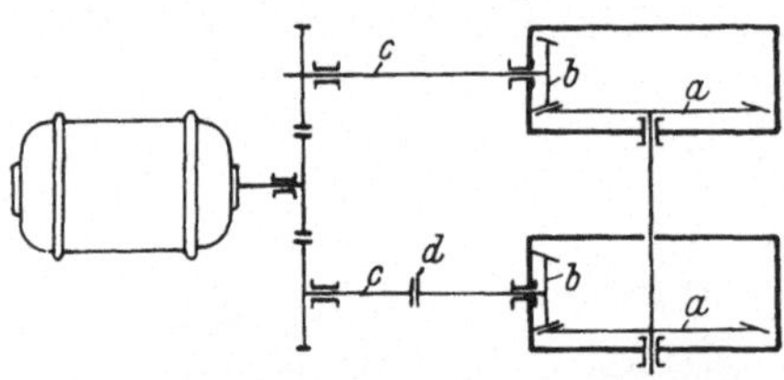

Bild 80. Prüfstand für Kegelräder nach dem Energiekreislaufverfahren.
Zwei zu vergleichende Kegelradpaare mit den Rädern a und b, c Federwellen. d Scheibenkupplung.

Die Erzeugung der konstanten Belastung erfolgt durch Verspannen der beiden Federwellen c an der Flanschkupplung d. Dazu werden die Kupplungshälften gelöst und dann durch Verdrehen der einen Flanschhälfte mittels eines durch Gewichte belasteten Hebels die Kupplungshälften gegeneinander verspannt. Diese Verspannung erzeugt auf den Flanken der Kegelräder einen bestimmten Zahndruck. Werden die verspannten Kupplungshälften fest miteinander verschraubt und danach Gewichte und Hebel entfernt, so bleibt die Verspannung der beiden federnden Wellen und damit auch die Flankenbelastung erhalten.

11. Kegelradschraubgetriebe.
a) Merkmale, Anwendung, Wartung.

Die Grundkörper der Kegelradschraubgetriebe sind angenäherte Drehungshyperboloide, weshalb sie auch als Hyperboloidräder, und in Amerika mit einer davon abgeleiteten Kürzung als Hypoidräder bezeichnet werden. Verzahnungstechnisch handelt es sich bei den vorliegenden Rädern um geschränkte Schraubgetriebe. Sie sind der gleichen Radart zugeordnet, zu denen auch die Stirnräder mit sich kreuzenden Achsen, die sog. Schraubenräder gehören. Geschichtlich bemerkenswert ist in diesem Zusammenhang der Umstand, daß schon Reuleaux im Jahre 1882 auf die Beziehungen zwischen Schraubenstirn- und Schraubenkegelrädern sehr anschaulich hingewiesen hat. Das wiedergegebene Bild 81a und b lehnt sich an eine von Reuleaux gebrachte Darstellung an; wie sie zeigt, werden Schraubenräder *a* und *b* im Achsenlot, d. h. in der Kreuzungslinie der Radachsen *e* und *f* angeordnet, während Schraubenkegelräder *c*, *d* außerhalb des Achsenlotes liegen. Bild 81 zeigt ferner, daß die Durchmesser der Schraubenräder wesentlich abhängen von der Länge des Achsenlotes, d. h. von der Größe der Achsversetzung *v*. Nur bei größeren Achsversetzungen sind Schraubenräder überhaupt anwendbar. Diese starke Bindung an die Größe der

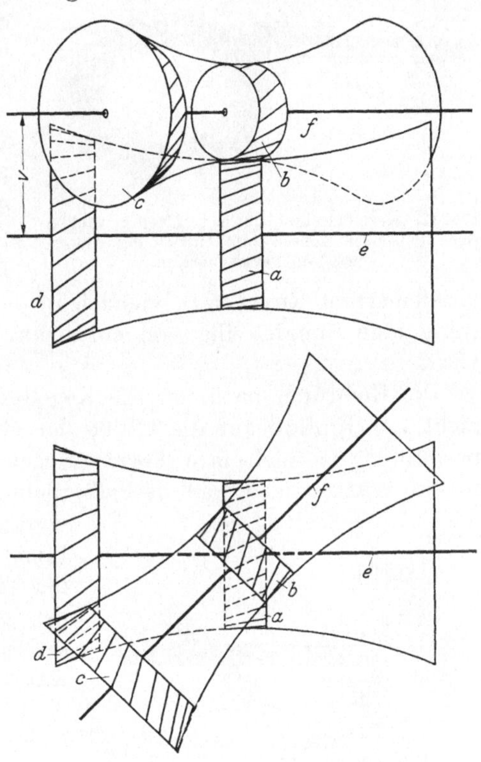

Bild 81a und b. Schraubenstirn- und Schraubenkegelräder sind der gleichen Radart zugeordnet.

a, *b* Schraubenräder, *c*, *d* Kegelräder, *e*, *f* Radachsen, *v* Größe der Achsversetzung.

Achsversetzung fällt bei Schraubenkegelrädern fort. Selbst bei kleinster Achsversetzung können diese so bemessen werden, wie es ihre Übertragungsfähigkeit erfordert.

Die Kegelradachsen können aus der Stellung, in der sie sich schneiden, in zwei Richtungen versetzt sein mit der Spiralrichtung und gegen die Spiralrichtung des größeren Rades, in der einen Richtung wird die

Stirnteilung des Ritzels größer und in der anderen Richtung kleiner als die des Tellerrades. Dementsprechend sind auch die Durchmesser der Ritzel gegenüber den Abmessungen des Normalritzels vergrößert

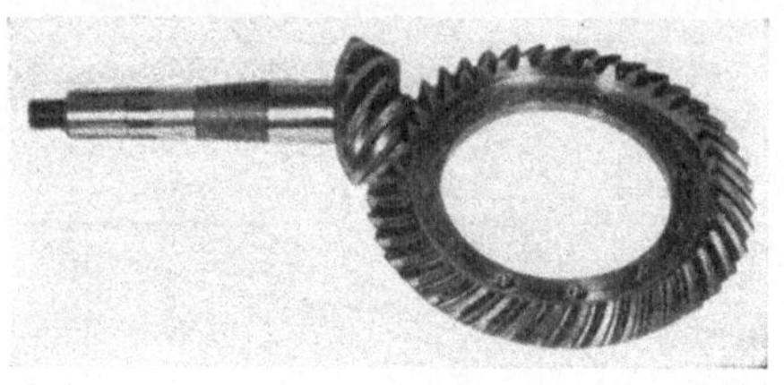

oder verkleinert. Nach der bei Schraubgetrieben allgemein üblichen Regel erfolgt die Versetzung möglichst in der Richtung, die zu einer relativen Vergrößerung des treibenden Rades führt. Mit Rücksicht darauf vergrößert man im Kraftwagenbau zumeist das Ritzel, während Getriebe mit

Bild 82. Kegelradschraubgetriebe mit rechtwinklig sich kreuzenden Achsen zum Antrieb der Hinterachse von Personenwagen.

verkleinertem Ritzel z. B. vielfach in der Textilindustrie vorkommen, wenn eine Spindelreihe von einer durchgehenden Welle angetrieben wird.

Die Richtung, nach der die Kegelradachsen versetzt werden, hat nicht nur Einfluß auf die Größe der Räder; aus folgenden Gründen beeinflußt sie auch ihre Form: Kegelradschraubgetriebe sind keine reinen Wälzgetriebe und deshalb nicht streng an bestimmte Kegel-

winkel gebunden. Im Schrifttum findet sich der Hinweis, daß einer der Kegelwinkel, zweckmäßig der des größeren Rades, anzunehmen sei, und zwar möglichst groß gewählt werden soll.

Die Freiheit in der Wahl der Kegelwinkel wird begrenzt durch die Forderung, daß die Zahnprofile des Ritzels nicht zu spitz werden dürfen. Unter Beachtung dieser Forderung wird der Kegelwinkel des Ritzels kleiner, wenn die Achse in derjenigen

Bild 83. Kegelradschraubgetriebe mit schiefwinklig sich kreuzenden Achsen aus einer Werkzeugmaschine.

Richtung versetzt wird, die auch eine Verkleinerung des Ritzeldurchmessers zur Folge hat. Bei genügend großer Versetzung nimmt das Ritzel die Form eines Zylinders und das Tellerrad die eines Planrades an. Diese Sonderform wird als Planradschraubgetriebe bezeichnet.

Kegelradschraubgetriebe können sowohl rechtwinklig wie schiefwinklig sich kreuzende Achsen haben. Die ersteren kommen vorzugsweise vor. Aber auch die letzteren sind technisch bedeutungsvoll, Bild 82 und 83.

Die Versetzung der Kegelradachsen aus der Normallage, in der sie sich schneiden, hat zur Folge, daß bei den im Eingriff befindlichen Radzähnen neben der bekannten Gleitbewegung in Richtung ihrer Höhe eine Gleitbewegung in Längsrichtung der Zähne auftritt. Diese Zusammenhänge sind in den Bildern 84a und 84b veranschaulicht. Bei normalen Spiralkegelrädern verlaufen alle Gleitbewegungen in

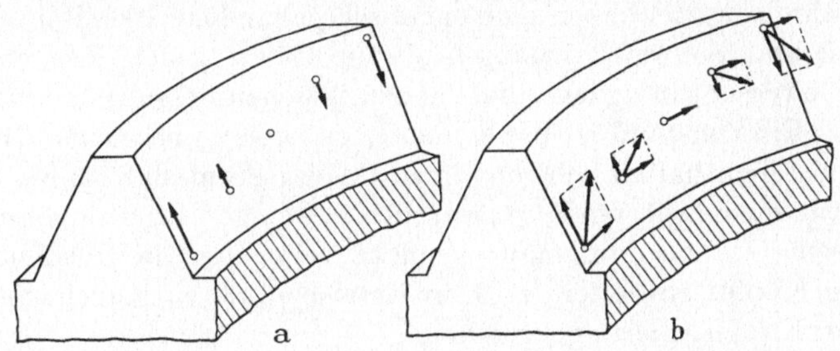

Bild 84a und b. Schematische Darstellung der Gleitbewegung auf den Spiralzähnen. Bild 84a bei Kegelrädern mit sich schneidenden Achsen. Bild 84b bei Schraubenkegelrädern.

Richtung der Zahnhöhe. Auf der Wälzlinie findet kein Gleiten statt. Bei Schraubenkegelrädern kommt zu dieser Höhenbewegung eine Bewegungskomponente in Längsrichtung der Zähne. Es entsteht eine resultierende Gleitbewegung, die Bild 84b erkennen läßt.

Ein Vergleich der Bilder 84a und 84b zeigt, daß die Gleitbewegung der Zähne von Schraubenkegelrädern größer ist als diejenige der normalen Kegelräder. Besonders bemerkenswert ist der Umstand, daß bei Schraubenkegelrädern die Gleitung auf der Wälzlinie einen positiven Wert aufweist. Wesentlich ist ferner, daß sich die resultierende Gleitbewegung bei Schraubenkegelrädern in Größe und Richtung weniger ändert als die Größe und Richtung des Gleitens bei normalen Kegelrädern. Die Gleitbewegung wird bei Schraubenkegelrädern in keiner Zone der Zahnoberfläche unterbrochen. Dadurch wird die Bildung eines Ölfilmes begünstigt und vor allem eine wesentliche Ursache für die Entstehung geräuschbildender Schwingungen vermieden.

Die besonderen Gleitverhältnisse der Kegelradschraubgetriebe erfordern auch besondere Betriebsbedingungen. Allgemein kann gesagt

werden, daß die hier besprochenen Schraubenkegelräder hinsichtlich
der Laufruhe und der Abnutzung die günstigste Achsversetzung auf-
weisen, wenn diese etwa 15% des Planraddurchmessers beträgt. In
keinem Fall sollte man die Achsversetzung zu groß wählen. Als Richtlinie für den oberen Grenzwert können etwa 20% des Planraddurchmessers angesehen werden.

Bei Schraubenkegelrädern ist das Schmiermittel besonders sorgsam
auszuwählen. Bei größeren Versetzungen kommen nur die auf dem
Markt als Hypoidschmiermittel bezeichneten Öle in Frage. Selbst sog.
Hochdruckschmiermittel sind für Kegelradschraubgetriebe ungeeignet.
Hypoidschmiermittel haben eine chemisch gebundene Beimischung von
Bleiseifen und Schwefel, wodurch sie die Zähne gegen Fressen trotz
hoher Gleitgeschwindigkeit und hoher Flächenpressung ausreichend
schützen. Ein Umstand ist dabei allerdings noch zu beachten. Hypoidschmiermittel enthalten Schwefel in so aktiver Form, daß sie bei Raum-
temperatur einen legierten Kupferstreifen in wenigen Minuten schwärzen.
Aus diesem Grunde darf man sie nicht verwenden in Getrieben, die
Teile von Kupfer enthalten, z. B. in Getrieben, deren Kugellagerkäfige
aus einer Kupferlegierung bestehen.

Über die Nachteile der Hypoidöle bei Schneckengetrieben s. Altmann: Fortschritte auf dem Gebiet der Schneckengetriebe. Z. VDI
Bd. 83 (1939) Nr. 48 S. 1245.

b) Herstellung.

Grundsätzlich besteht die Möglichkeit, Schraubenkegelräder mit
Klingelnberg-Verzahnung in der Weise herzustellen, daß das größere
Rad eines Radpaares als normales Kegelrad und das Gegenrad in der
Getriebelage verzahnt wird. Diese Bearbeitungsweise setzt aber Verzahnmaschinen voraus, die schon beim Bau für die Erzeugung dieser
Sonderräder eingerichtet sein müssen. Demgegenüber können mit dem
von Klingelnberg praktisch eingeführten Verfahren Schraubenkegelräder mit geeigneten Fräsern auf jeder normalen Klingelnberg-Wälz-
fräsmaschine hergestellt werden.

In der praktischen Ausführung unterscheidet sich dieses Verfahren
von dem bekannten Verfahren zur Herstellung normaler Spiralkegelräder im wesentlichen nur dadurch, daß die beiden Räder eines Paares
an Planrädern verschiedener Größe abgewälzt werden. Die besondere

Zahngestaltung wird durch die besondere Profilierung des Fräsers erzeugt. Die Beziehung der beiden Planräder zueinander ist in Bild 85a bis c dargestellt. In diesem Bild ist der Wälzkegel des Ritzels mit a und der des Tellerrades mit b bezeichnet. Die Radachsen c, d kreuzen sich im Abstand v.

Da sich die beiden Wälzkegel infolge der Versetzung ihrer Achsen nur in einem Punkt, dem Punkt P, berühren, ist es theoretisch unmöglich, den Wälzkegel des einen Rades in die Planradebene des anderen abzuwickeln. Praktisch kann diese Begrenzung vernachlässigt werden, wenn es sich um ein Kegelradschraubgetriebe mit größerem Übersetzungsverhältnis handelt. Andernfalls kommt man durch Einführung einer Hilfsebene auf einfache Weise zum Ziel. Der Punkt P kann als der Punkt einer Ebene angesehen werden, die sowohl den Wälzkegel a wie auch den Wälzkegel b tangiert. In diese Tangierungsebene werden beide Kegel abgerollt. Es entstehen so die Abwicklungen e und f, deren Mittelpunkte O_1 und O_2 die Mittelpunkte der Planräder sind, an welchen die Kegelradrohlinge abgewälzt werden.

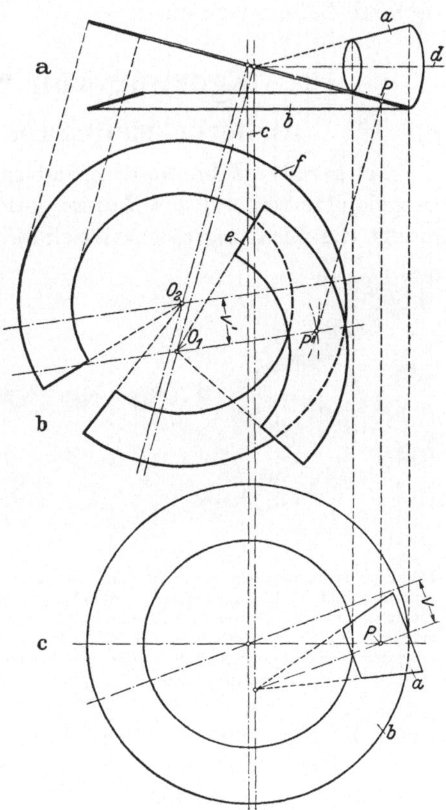

Bild 85a bis c. Kegelradschraubgetriebe, Abwicklung der Wälzkegel.

a, b Wälzkegel, c, d Radachsen, v Achsversetzung im Getriebe, v' Achsversetzung in der Abwicklung, P Tangierungspunkt, e Abwicklung des Ritzels, f Abwicklung des Tellerrades, O_1, O_2 Mittelpunkte der Planräder.

Die für die Zahnlängskrümmung maßgebenden Grundkreise werden so gewählt, daß im Zusammenwirken mit der gekrümmten Teilmantellinie des Palloidfräsers zwischen den einander zugeordneten Zahnflanken der von den Palloid-Spiralkegelrädern her bekannte

Krümmungsunterschied zwischen den hohlen und erhabenen Zahnflanken entsteht. Wie dort, wirkt er sich auch hier durch eine begrenzte Zahnanlage aus.

12. Lagerung von Spiralkegelrädern.
a) Berücksichtigung des Axialschubes.

Bei geradverzahnten Kegelrädern ist der Axialschub stets von der Kegelspitze weg auf das Rad zu gerichtet. Bei Spiralzahn-Kegelrädern hängt die Richtung des Axialschubes nicht nur vom Kegelwinkel und vom Eingriffswinkel, sondern auch vom Spiralwinkel ab. Der Axialschub kann bei diesen Rädern auf die Kegelspitze zu oder von ihr weg gerichtet sein. Seine Berechnung erfolgt nach den Gleichungen (53), (54) auf Seite 24. Die Richtung des Axialschubes ergibt sich nach diesen Formeln aus dem Vorzeichen des Lösungsergebnisses. Bei rein konstruktiven Arbeiten, bei denen es nur auf diese und nicht auf die Größe des Axialschubes ankommt, kann man, wenn die Kegelwinkel, Drehrichtung und Spiralrichtung gegeben sind, die Druckrichtung unmittelbar dem Schaubild 11, Seite 26 entnehmen. Wie man dabei vorzugehen hat, ist dort in der Bildunterschrift erläutert.

Bild 86. Tragbilder am Tellerrad eines Kegelradschraubgetriebes. Die Tragbilder wurden sichtbar gemacht durch Tuschieren der Zahnoberfläche mit heller Farbe und anschließendem Abrollen. Im Bereich der Tragbilder hebt sich die dunkle metallische Oberfläche ab.

Die Richtung des Axialschubes ist möglichst so zu legen, daß der Schub von starren und unnachgiebigen Teilen der Lagernaben aufgenommen wird. Durch die Wahl einer entsprechenden Spiral- oder Drehrichtung, wie auch durch die Anordnung des betreffenden Radkörpers auf der rechten oder linken Seite des Achsschnittpunktes ist in den meisten Fällen die Möglichkeit gegeben, diese Richtlinien zu beachten. Bei Ritzeln wird die Anordnung möglichst so getroffen, daß die Axialschübe von der Kegelspitze weg gerichtet sind.

Bei mehreren Kegelrädern auf einer Welle vermeidet man einen vollkommenen Ausgleich der Axialschübe. Diese Bedingung ist in Bild 87 dadurch erfüllt, daß die Axialschübe der beiden Kegelradgetriebe entgegengesetzt gerichtet und verschieden groß sind. Es herrscht ganz eindeutig ein Druck in einer Achsrichtung.

Treten bei ausgeglichenen Axialschüben auch nur geringe Belastungsschwankungen auf, so besteht die Gefahr, daß die Welle um den Betrag ihres Axialspieles hin und her wandert.

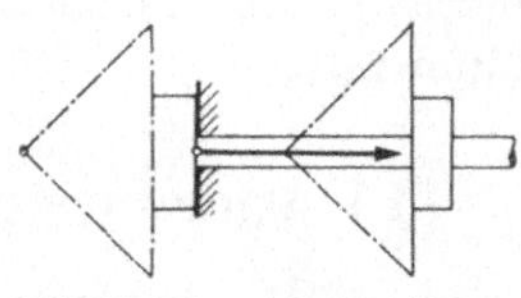

Bild 88. Die axiale Abstützung der Welle ist so gelegt, daß die Welle auf Zug beansprucht wird. Günstig!

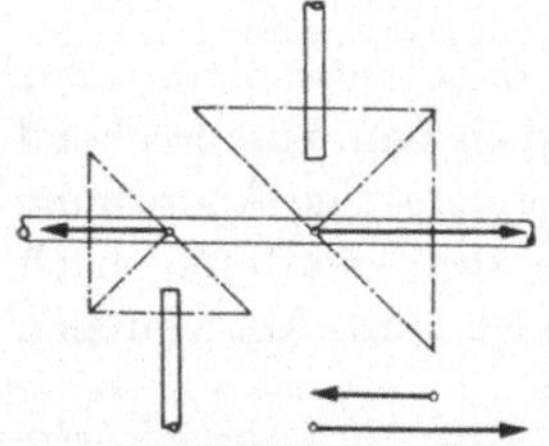

Bild 87. Verminderung der gesamten Lagerbelastung durch entgegengesetzt gerichtete Axialschübe.

Eine wechselnde Drehrichtung der Welle erfordert Lager, die zur Druckaufnahme in beiden Achsrichtungen geeignet sind. Eine Ausnahme bilden hier die großen Räder von Getrieben mit einem Übersetzungsverhältnis größer als 1 : 2. Diese üben

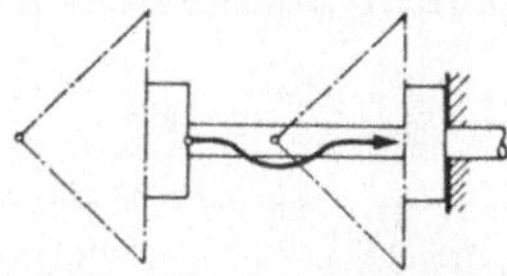

Bild 89. Die Welle wird durch ungünstige axiale Abstützung auf Druck beansprucht.

auch bei wechselnder Drehrichtung einen gleichgerichteten Axialdruck aus.

Ferner ist zu beachten, daß die Axialschübe einer Welle nur an einer Stelle aufgenommen werden sollten, und zwar möglichst nahe dem Rad mit dem größten Axialschub.

Bild 90. Triebwerksanordnung einer Verpackungsmaschine.

Bei längeren Wellenenden ist es außerdem wichtig, die Welle so axial festzulegen, daß Druckbeanspruchungen vermieden werden; Beanspruchungen auf Zug sind vorzuziehen. Ein Beispiel dazu bringen die Bilder 88 und 89; Bild 89 zeigt eine zweckmäßige und Bild 88 eine ungünstige Lagerung.

Wie mehrere Kegelräder praktisch auf einer Welle anzuordnen sind, zeigt die Teilansicht Bild 90 einer Triebwerkswelle zu einer Verpackungsmaschine der Firma Fr. Hesser, Maschinenfabrik AG., Stuttgart-Bad Cannstatt.

b) Anordnung der Lager mit Rücksicht auf ihre Belastung.

Die Abstützung der Welle muß möglichst nahe dem Zahnkranz des Rades erfolgen. In vielen Fällen wird es möglich sein, entsprechend Bild 91 unmittelbar die Radnabe zu lagern. Eine derartige Anordnung ist wesentlich besser als die Anordnung nach Bild 92, bei der in höherem Maße Abbiegungen zu befürchten sind.

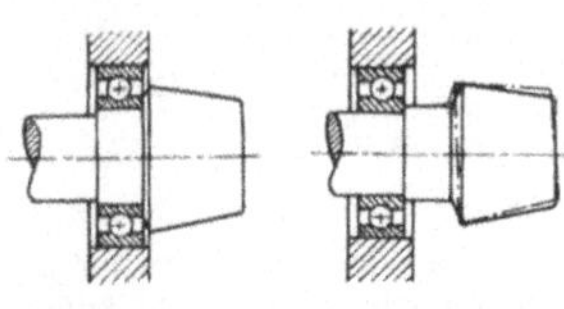

Bild 91.   Bild 92.

Bild 91. Lagerung unmittelbar hinter dem Zahnkranz. Günstig!

Bild 92. Lagerung hinter der Radnabe. Ungünstig!

Ein weiterer Punkt von wesentlicher Bedeutung ist der Abstand der Stützpunkte. Hierbei spielen ja die jeweiligen Anforderungen eine nicht unerhebliche Rolle. Die folgenden Angaben sind deshalb nur als Richtlinien zu werten. Bei einer Bauweise mit nur zwei Stützpunkten sollte bei einem Übersetzungsverhältnis 1 : 3 bis 1 : 6 die Lagerentfernung a in Bild 93 etwa das 2,5fache des Ritzeldurchmessers und die Lagerentfernung b das 0,7fache des Tellerraddurchmessers nicht unterschreiten. Für ein Übersetzungsverhältnis von 1 : 1 kann als Richtlinie eine Mindestentfernung der Radlager von 120 bis 150% des Raddurchmessers genannt werden. Nach Möglichkeit sind natürlich alle Kegelräder beiderseitig zu lagern.

Vorstehend sind Richtlinien für die Mindestabstände der Lager gegeben. Die Lagerabstände dürfen natürlich auch nicht zu groß gewählt werden, da sonst Schwingungen zu befürchten sind.

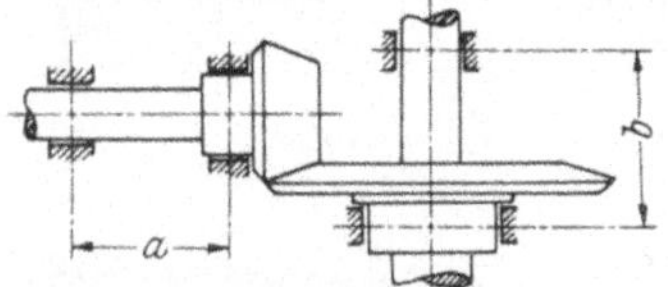

Bild 93. Richtlinien für die Entfernung der Stützpunkte.

Oft wird beim Einbau der Spiralkegelräder nur darauf geachtet, daß die Räder an ihren Außendurchmessern gleichmäßig abschließen. Dabei werden aber wesentliche Bedingungen außer acht gelassen.

Beim Einbau von Kegelrädern mit Spiralzähnen geht man von der Anlage der Zahnflanken, dem sog. Tragbild, aus.

Um in jedem Falle das richtige Tragbild erreichen zu können, müssen die Kegelräder beim Einbau axial einstellbar sein. Diese Einstellbarkeit kann dadurch erreicht werden, daß der ganze Lagerkörper verschiebbar ausgebildet wird. Sie kann auch durch einfache Zwischenlegringe erreicht werden.

Bild 94 zeigt ein Beispiel, das beide Arten verbindet. Bei dieser Ausführung sitzt zwischen dem Flansch eines die Wälzlager haltenden Lagerkörpers und der Gestellwand ein auswechselbarer Zwischenring a. Seine Dicke wird dem Einbaumaß der Kegelräder entsprechend gewählt. Bei reihenmäßiger Herstellung ist es zweckmäßig, diese schon vorher auf der Kegelradprüfmaschine unter Berücksichtigung der richtigen Zahnanlage zu ermitteln.

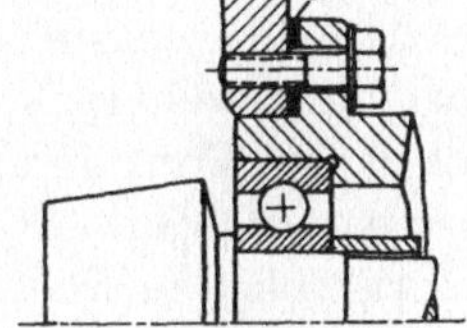

Bild 94. Axiale Einstellbarkeit der Lagerkörper durch Zwischenlegringe a.

Soll aus baulichen oder preislichen Gründen eine Einstellvorrichtung für den ganzen Lagerkörper vermieden werden, so kann der Zwischenlegring a anstatt zwischen Lagerflansch und Gestellwand zwischen Wälzlager und Radnabe angebracht werden. Das Rad muß in diesem Falle abnehmbar sein, um im Bedarfsfalle Ringe anderer Dicke aufstecken zu können.

Ganz allgemein ist hinsichtlich der Lagerungen für Spiralkegelräder darauf hinzuweisen, daß die Gewindelängen von Muttern zum Anzug der Lagerringe nicht zu klein gewählt werden sollten. Bei Muttern mit zu wenigen Gewindegängen wird das Lagerspiel durch die Erschütterungen des Betriebes sehr leicht vergrößert, selbst dann, wenn ein eigentliches Lockern der Mutter durch entsprechende Sicherungen verhindert wird.

Die gleiche schädliche Wirkung ist zu befürchten, wenn die Abstandbuchsen der Lagerringe nicht oder ungenügend gehärtet eingebaut werden.

c) Ausbildung der Lagerstellen mit Rücksicht auf den Verwendungszweck.

Um den Einbau von Spiralkegelrädern ganz zu beherrschen, darf man sich nicht damit begnügen, rein schematisch die zu übertragenden Kräfte festzustellen; sie müssen als Glied des ganzen Getriebes oder der ganzen Anlage betrachtet werden. Sehr förderlich ist dabei die vergleichende Gegenüberstellung von Einbaubeispielen. Einige, den verschiedensten Industriezweigen entnommene Einbau-Beispiele sind in den folgenden Abschnitten zusammengestellt.

Obwohl die rein schematische Ermittlung der zu übertragenden Kräfte noch nicht ausreicht, um Spiralkegelräder richtig anzuwenden, ist natürlich ohne eine sorgfältige Kräfteberechnung nicht auszukommen. Dem Verzahnungsfachmann bereitet diese Berechnung aber oft Schwierigkeiten, weil die richtige Erfassung der Belastungen ein gründliches Eindringen in das Wesen der einzelnen Maschinenarten voraussetzt. Ohne engstes Zusammenarbeiten mit dem Fachkonstrukteur ist hier nicht weiterzukommen. Aber auch bei dieser Gemeinschaftsarbeit sollte der Verzahnungsfachmann die Zusammenhänge selbst zu übersehen vermögen.

Es führt zu weit, alle folgenden Einbaubeispiele mit Kräfteberechnungen zu verbinden. Nur bei der Besprechung von Fahrzeuggetrieben werden diese mit erörtert, um an diesem Beispiel zu zeigen, wie dabei die Eigenart der Anlage zu berücksichtigen ist.

13. Spiralkegelräder in Fahrzeugen.

a) Triebwerksanordnung im Fahrzeug.

Bild 95 zeigt die Getriebeanordnung eines Personenkraftwagens. Die Antriebsleistung wird vom Motor a aus über die Kupplung b und das Schaltgetriebe c auf das Spiralkegelradpaar d übertragen. Dieses

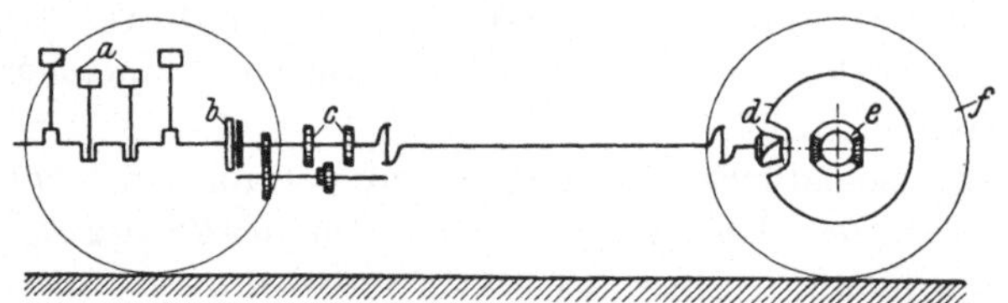

Bild 95. Anordnung des Getriebes in einem Personenkraftwagen.
a Motor, b Kupplung, c Schaltgetriebe, d Spiralkegelräder, e Differentialräder, f Hinterräder.

treibt über die Differentialräder e die Hinterräder f. In diesem Getriebezug nehmen die Spiralkegelräder eine Sonderstellung ein. Die Räder des Schaltgetriebes laufen nur zeitweise, wenn vorübergehend an Stelle des hauptsächlich beanspruchten durchgehenden Ganges eine Zwischenstufe eingeschaltet wird; auch die Differentialkegelräder laufen nur zeitweise, nämlich beim Durchfahren einer Kurve, während sie bei gerader Fahrt nur als Mitnehmer wirken. Demgegenüber laufen die Spiralkegelräder während der ganzen Fahrt, und zwar unter der gesamten Belastung.

Zu der eigentlichen Antriebsleistung kommen im Fahrzeug zusätzliche Beanspruchungen durch Stöße und Schwingungen. In welchem Umfange diese bei Fahrzeugen auftreten, zeigt eine Untersuchung von K a m m : Das Kraftfahrzeug. Berlin 1936. Diese stellt fest, daß beim Durchfahren einer Mulde von 5 m Länge und 50 mm Tiefe von einer an einem Schwingarm gelagerten Achse am Kegelradritzel zusätzliche Drehmomente von 60 bis 120 mkg auftreten.

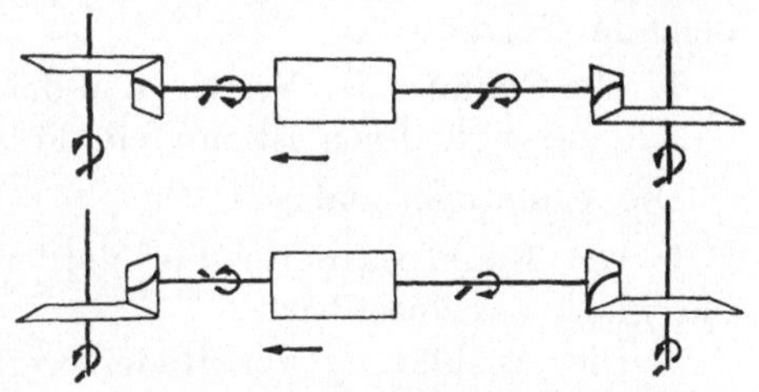

Bild 96 und 97. Verschiedene Bauformen für Allradantrieb.

Die Ausbildung des Spiralkegelradantriebes ist natürlich bei den einzelnen Fahrzeugtypen verschieden. So liegt bei Lastwagen vielfach zwischen Kegelradgetriebe und Hinterachse ein Stirnradvorgelege (siehe das Einbaubeispiel auf Seite 95).

Die Ausbildung der Spiralkegelräder für Lastwagen mit Allradantrieb kann unter verschiedenen Gesichtswinkeln erfolgen.

Die Bauform nach Bild 96 sieht folgende Ausbildung vor: Ritzel der Hinterachse = Linksspirale, der Vorderachse = Rechtsspirale. Eingriffswinkel bei Übersetzungen über $1 : 2,5$ bis $1 : 3 = 17^{1}/_{2}^{\circ}$. Diese Eingriffswinkel werden in Normalausführung mit Fräsern für Zahnform III geschnitten, d. h. der Ritzelzahn ist dicker als der Radzahn. (Näheres über den Zusammenhang zwischen Übersetzungsverhältnis und Zahnform siehe Seite 41, Tafel 21.)

Diese Bauform hat folgende Vorteile:

1. Die Gehäuse der Vorderachse und der Hinterachse sind auswechselbar.

2. Diese Ausführung der Räder entspricht in allen Punkten den allgemein zur Anwendung kommenden Regeln.

Ihre Nachteile sind:

1. Die Räderpaare für die Vorderachse und für die Hinterachse sind nicht austauschbar.

2. Zum Verzahnen der Räderpaare für die Vorderachse und für die Hinterachse sind zwei verschiedene Fräsersätze notwendig.

Die Bauform nach Bild 96 kann insofern abgewandelt werden, als der Eingriffswinkel entgegen der Regel bei Übersetzungen über 1 : 2,5 bis 3 nicht $17^1/_2°$, sondern $20°$ und die Zahnform I gewählt wird. (Bedeutung der Zahnform siehe Seite 41, Tafel 21). Dann ergeben sich folgende Vorteile:

1. Die Gehäuse der Vorder- und der Hinterachse sind auswechselbar.

2. Zum Verzahnen ist nur ein Fräsersatz erforderlich.

Die Nachteile sind:

1. Die Räderpaare für die Vorderachse und für die Hinterachse sind nicht austauschbar.

2. Die Ausbildung der Räder weicht von der auf Seite 41 festgelegten Regel ab.

Eine zweite Bauform ist in Bild 97 dargestellt. Bei dieser Ausführung hat das Ritzel für die Vorderachse entgegengesetzte Drehrichtung. Beide Ritzel haben Linksspirale. Übersetzungen über 1 : 2,5 bis 1 : 3 werden mit einem Eingriffswinkel von $17^1/_2°$ versehen. Das Tellerrad der Vorderachse liegt gegenüber der Bauform I auf der anderen Seite der Achse. Diese Ausführung hat folgende Vorteile:

1. Die Räderpaare für die Vorderachse und für die Hinterachse sind austauschbar.

2. Die Achsgehäuse der Vorderachse und der Hinterachse sind ebenfalls austauschbar. Sie müssen so ausgebildet werden, daß sie gewendet werden können, um das Tellerrad rechts oder links vom Ritzel anordnen zu können.

3. Diese Ausführung der Räder entspricht in allen Punkten den auf Seite 41 niedergelegten Regeln.

4. Zum Verzahnen ist nur ein Fräsersatz erforderlich.

Als Nachteil dieser Ausführung kann angesehen werden, daß das Gehäuse in seiner Ausbildung geringfügig von der üblichen Ausbildung abweicht.

Die vorstehenden Überlegungen gelten sinngemäß auch für Hinterachsen mit Stirnradübersetzung hinter den Kegelrädern. Es ist zu beachten, daß hierbei die Kegelräder meist Übersetzungen unter 1 : 2,5 haben. Für diese kommen in der Regel größere Eingriffswinkel als $17^1/_2°$ in Frage.

Eine weitere Ausführungsform der Spiralkegelräder für Lastwagen mit Allradantrieb besteht noch darin, beide Ritzel in der gebräuchlichen Weise mit Linksspirale zu versehen und im übrigen die Bauform nach Bild 96 anzuwenden. In diesem Fall können zum Verzahnen der Getriebe für die Vorder- und Hinterachse die gleichen Fräser verwendet werden. Es ist aber zu beachten, daß dann infolge der umgekehrten Drehrichtung des Ritzels für die Vorderachse der Axialschub bei diesem entgegen dem gebräuchlichen Grundsatz im Vorwärtslauf auf die Kegelspitze zu gerichtet ist, was bei der Lagerung des Tellerrades berücksichtigt werden muß.

Bei Fahrzeugen mit Raupenantrieb liegt der Motor vielfach im Heck des Fahrzeuges. Er wirkt dann über Zwischenwellen und eine Hauptkupplung auf das Spiralkegelradgetriebe. Der Fahrer kuppelt nun bei den einfacheren Ausführungsformen mittels zweier Lenkhebel entweder beide Kettentriebräder für die Geleisketten mit den ununterbrochen laufenden Spiralkegelrädern, dann bewegt sich das Fahrzeug geradeaus oder er kuppelt nur das rechts oder links liegende Triebrad, dann beschreibt das Fahrzeug eine Rechts- oder Linkskurve.

In Motor-Schienenfahrzeugen verwendet man Spiralkegelräder zum unmittelbaren Achsantrieb, wie auch im Zahnradstufengetriebe. Die für Kraftwagen entwickelten Bauarten von Stufengetrieben, bei denen das erforderliche Zahnradpaar jeweils durch Verschieben in Eingriff gebracht wird, haben sich für Schienenfahrzeuge nicht bewährt. Die eisenbahnmäßigen Lösungen sind dadurch gekennzeichnet, daß sich die einzelnen Zahnradpaare ständig im Eingriff befinden und nur für die Zeit ihrer Arbeit mit der Antriebs- oder Abtriebswelle gekuppelt werden. Als Wendegetriebe werden meist Kegelräder benutzt.

b) Berechnung der im Fahrzeug wirkenden Kräfte.

Die Belastung der Spiralkegelräder in **Straßen- und Geländefahrzeugen** kann auf zweierlei Weise ermittelt werden; vom größten Motordrehmoment oder vom Bodenreibungsmoment aus. Das letztere bestimmt z. B. die Belastung der Kegelräder, wenn das Fahrzeug bergab fährt und der eingeschaltete Motor als Bremse wirkt.

Das größte Motordrehmoment der hier vorzugsweise in Betracht zu ziehenden Explosionsmotore wird auf dem Prüfstand ermittelt. Es liegt bei etwa zwei Drittel der höchsten Drehzahl.

Die Bestimmung der Kegelradbelastung ist in allen Über- oder Untersetzungsstufen durchzuführen, in denen die Kegelräder besonders beansprucht werden. In der Regel gehört dazu der erste Gang, in dem die Biegungsbeanspruchung und der letzte Gang, in dem die Abnutzungsbeanspruchung eine besondere Rolle spielen. Welche Gänge jeweilig zu untersuchen sind, hängt natürlich von den gegebenen Bauformen ab. Es kommen hier bei Personenwagen die Berg- und Schnellgänge, bei Lastwagen die ersten Gänge mit und ohne Zusatzgetriebe in Betracht.

Bezeichnet man die Über- oder Untersetzung der zu berechnenden Getriebestufe mit i und das größte Motordrehmoment mit $M_{m\,max}$, so ist die am Spiralkegelritzel wirkende Umfangskraft P_u:

$$P_u = \frac{M_{m\,max}}{r_m} \cdot i \cdot \eta^n. \tag{70}$$

η ist der Wirkungsgrad eines jeden Zahneingriffs und kann, wenn keine genaueren Angaben vorliegen, mit 0,97 eingesetzt werden. n bedeutet die Zahl der vorhandenen Zahneingriffe in der betreffenden Stufe, z. B. 2, wobei dann η^n wird: $0,97^2 = 0,94$.

Um das Reibungsdrehmoment bestimmen zu können, muß der wirksame Reifenhalbmesser r_h bzw. bei Raupenantrieb der diesem entsprechende Halbmesser des Kettenrades, die Belastung der angetriebenen Achse und die Reibungsziffer μ bekannt sein. Die Reibungsziffer ist keine feste Größe, sondern ändert sich mit der Glätte der Bahn, mit der Größe des Schlupfes des Reifens am Boden und mit der Fahrgeschwindigkeit.

Als Reibungswerte können die Zahlen 0,7 bis 0,9 bei geringen Geschwindigkeiten und griffigen Straßen und 0,45 bis 0,5 bei hohen Geschwindigkeiten angenommen werden. Vielfach wird bei Straßenfahrzeugen mit $\mu = 0,6$ und bei Geländefahrzeugen mit $\mu = 1$ gerechnet.

Bezeichnet man den Bodendruck der angetriebenen Achse bei belasteten Wagen mit Q, so ist die sich aus der Bodenreibung ergebende Umfangskraft am Spiralkegelritzel:

$$P_u = Q \cdot \mu \frac{r_h}{r_m \cdot i \cdot \eta^n}. \tag{71}$$

i bedeutet das Übersetzungsverhältnis der Zahnräder zwischen der angetriebenen Achse und dem betreffenden Ritzel. Die Bedeutung von μ und n ist schon in dem voraufgehenden Abschnitt angegeben.

Bei Motor-Schienenfahrzeugen wird die Belastung der Kegelräder entweder von dem maximalen Motordrehmoment oder der Zugkraft am Radumfang berechnet. Im Gegensatz zur Berechnung von Getrieben für Straßenfahrzeuge, bei der das Drehmoment meist in cm·kg gegeben ist, rechnet man hier mit Rücksicht auf die größeren Werte meist mit m·kg.

Zwischen dem Drehmoment des Triebmotors und der Zugkraft am Radumfang besteht die Beziehung:

$$M = \frac{D}{2 \cdot i \cdot \eta} \cdot Z. \tag{72}$$

D = Raddurchmesser in m, i = Übersetzungsverhältnis zwischen Antriebsmotor und Triebachse (i größer als 1), η = Wirkungsgrad der Übersetzung.

Wenn keine konkreten Angaben über den Wirkungsgrad der Kraftübertragung des mit Kegelrädern auszurüstenden Schienenfahrzeuges vorliegen, so können folgende Angaben als Richtwerte dienen:

Berechnungstafel 24. Wirkungsgrad verschiedener Kraftübertragungen (Durchschnittswerte).

  a) Mechanische Übertragung:
    direkter Gang 0,90
    niedriger Gang 0,855
  b) Hydraulische Übertragung:
    Wandler 0,72
    Marschwandler 0,79
  c) Elektrische Übertragung 0,80

Zwischen der Motorleistung N in PS, der Zuggeschwindigkeit V in km/h und der Zugkraft Z bestehen die Beziehungen:

$$N = \frac{Z \cdot V}{270 \cdot \eta_1}. \tag{73}$$

η_1 ist der Gesamtwirkungsgrad, vermindert um einen Betrag, der die Leistungen der Hilfseinrichtungen, wie Beleuchtungen, Bremsen usw., berücksichtigt.

Dieser Betrag kann für Überschlagsrechnungen bei Leistungen um 300 PS mit etwa $7^1/_2\%$ der Zugförderleistung angenommen werden. Dann ist η_1:

$$\eta_1 = \frac{\eta}{1,075}. \tag{74}$$

Da möglicherweise die in ein Fahrzeug eingebaute Anfahrzugkraft größer ist als die durch die Haftreibung zwischen Rad und Schiene erreichbare Zugkraft, also überhaupt nicht voll auszunutzen ist, ist zu prüfen, welche Zugkraft ohne Gleiten von Rad und Schiene aufgenommen werden kann.

Bezeichnet man das Gewicht des Schienenfahrzeuges in t mit Q, einen der Zahl der angetriebenen Achsen entsprechenden Wert mit z, der z. B. bei zwei angetriebenen Achsen 0,5 beträgt, und endlich mit f den Haftreibungswert zwischen Rad und Schiene, der mit etwa 250 kg/t für die Anfahrt und 200 kg/t für die Streckenfahrt angenommen werden kann, so ist die Anfahrzugkraft:

$$Z_a = f \cdot z \cdot Q. \tag{75}$$

Beispiel:

Der eingebaute Motor eines Schienenfahrzeuges entwickelt eine Anfahrzugkraft von 6000 kg. Das Fahrzeug, von dem zwei Achsen angetrieben sind, wiegt 50 t. Mit welcher größten Zugkraft ist praktisch zu rechnen?

$$Z_a = f \cdot z \cdot Q = 200 \cdot 0,5 \cdot 50 = 5000 \text{ kg.}$$

c) Einbaubeispiele aus dem Fahrzeugbau.

Bild 99 zeigt den Hinterachsantrieb des in Bild 98 dargestellten Personenwagens der Firma Carl F. W. Borgward, Bremen. Die Antriebsleistung wird vom Motor über das Schaltgetriebe und die Gelenkwelle auf das Gelenk a und von diesem auf das Spiralkegelradritzel b übertragen. Dieses treibt das Tellerrad c, das fest mit dem Gehäuse d für die Differentialräder verschraubt, zugleich auch Tragkörper für das Tellerrad ist. Von hier geht der Antrieb über die Achsen f und über nicht mit dargestellte Gelenke auf die schwingbar gelagerte Hinterachse.

Der Ritzelschaft läuft am Zahnkranz auf einem Zylinderrollenlager g und am anderen Ende auf zwei Hochschulterlagern h_1, h_2. Der Axialschub wird von dem in radialer Richtung entlasteten Lager h_1 aufgenommen.

Um der Forderung nach axialspielfreiem Lauf zu genügen, sind nach einer im Kraftwagenbau vielfach angewandten Methode die Lager h_1 und h_2 gegeneinander verspannt, d. h. die Innenringe der Kugellager sind axial in einem anderen Abstand gehalten als die Außenringe. Man verwendet dazu dünne Paßscheiben, die zwischen die Innen- oder Außenringe der Wälzlager gelegt werden. Wird nun der Lagerdeckel i angezogen, so preßt er die Außen- oder Innenringe dichter aneinander als die anderen durch die Paßscheibe auf Abstand gehaltenen Ringe.

Der Tragkörper d läuft auf Hochschulterlagern k. Auch diese Lager können spielfrei eingestellt werden, und zwar durch die Ringmuttern l.

Bild 98. Personenwagen der Firma Carl F. W. Borgward, Bremen.

Bei der Montage der Ritzellager ist ein übermäßiges Vorspannen selbst bei kräftigstem Anzug des Lagerdeckels nicht zu befürchten, sofern nur die Paßscheibe die richtige Dicke hat.

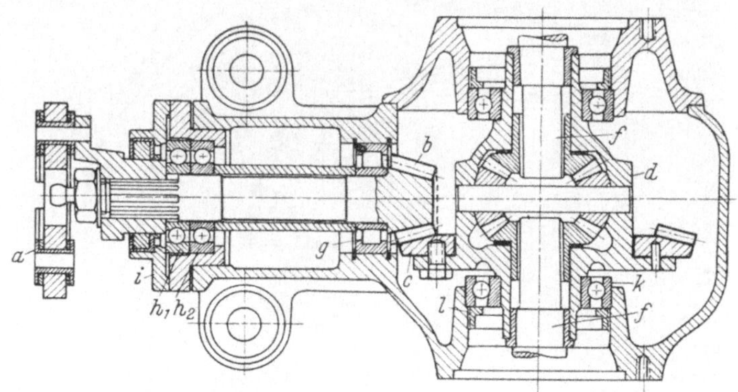

Bild 99. Hinterachsantrieb zu dem Wagen nach Bild 98.
a Gelenk der Gelenkwelle, b Spiralritzel, c Tellerrad, d Gehäuse, f Achsen, g Zylinderrollenlager. h Hochschulterlager.

Anders verhält es sich beim Einbau der Lager k. Hier ist sorgfältig darauf zu achten, daß die Lager zwar ausreichend vorgespannt, jedoch nicht verspannt werden. Diesem Vorsicht gebietenden Merkmal

der besprochenen Tellerradlagerung steht der Vorteil gegenüber, daß
die Tellerradlager durch Nachziehen der Ringmutter leicht nachgestellt
werden können, wenn nach längerem Betrieb axiales Spiel auftritt. Demgegenüber erfordert ein Nachstellen der Ritzellager ein Auswechseln der nicht ganz einfach zugänglichen Paßscheiben. Für ihre Zwecke haben sich beide Lageranordnungen sehr gut bewährt.

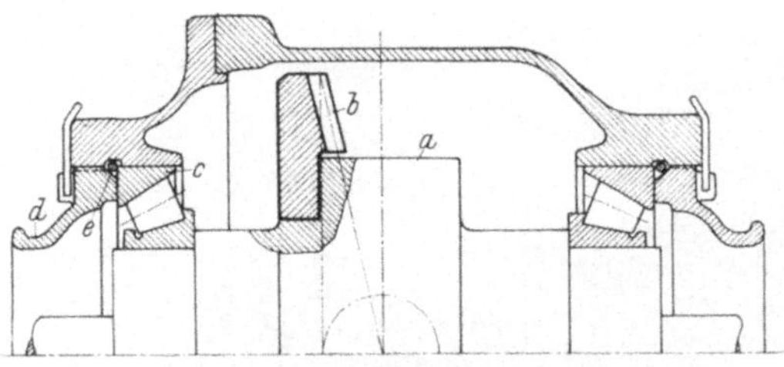

Bild 100. Schnitt durch den Hinterachsantrieb zu einem
Wagen der Adlerwerke AG., Frankfurt a. M. Der Tragkörper a des Tellerrades b ruht auf Kegelrollenlagern c.

An Stelle der Hochschulterlager des vorbesprochenen Antriebes
werden bei einem Wagentyp der Firma Adler-Werke AG., Frankfurt
a. M., von dem Bild 100 eine Schnittzeichnung darstellt, für den Trag-

Bild 101a. Schwingachse eines Lastwagens der Ringhoffer-Tatra-Werke AG., Nesselsdorf.

körper a des Tellerrades b Kegelrollenlager c benutzt. Auch diese werden durch Ringmuttern d verspannt. Bei e ist eine Talgschnur ein-

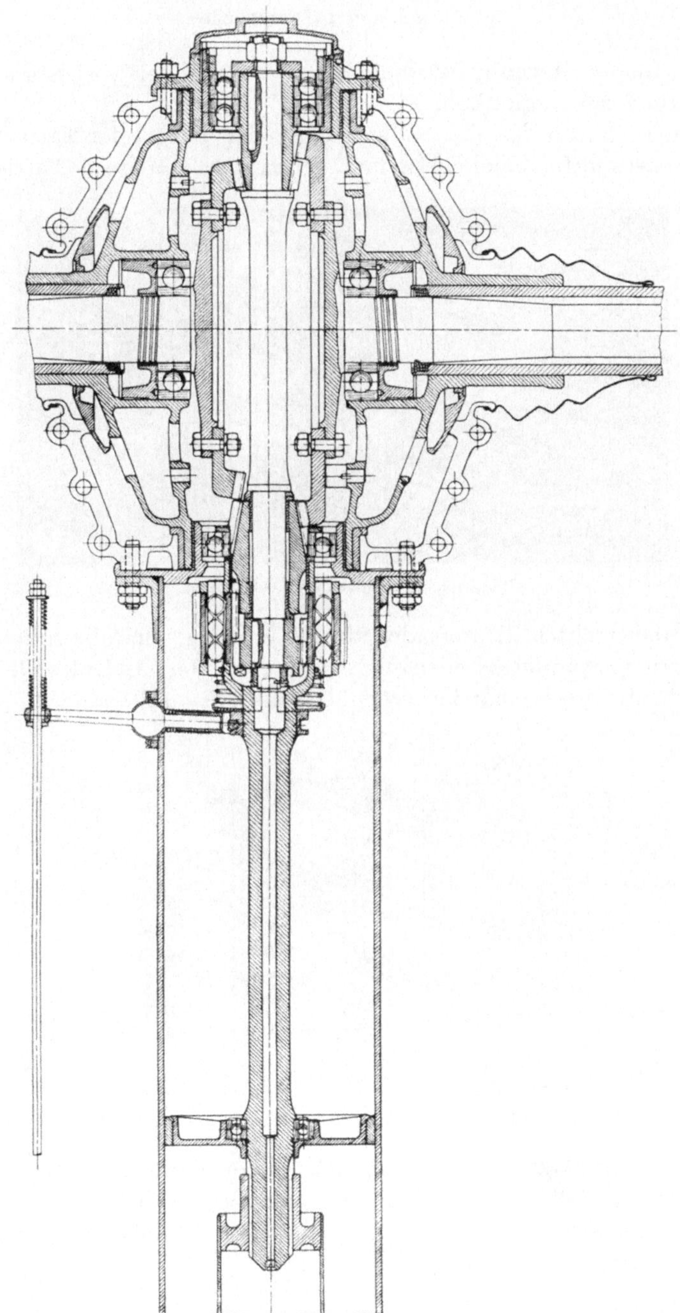

Bild 101 b. Schnittzeichnung zu der Schwingachse nach Bild 101a.

ge.egt. In der Wirkung ist diese Bauweise mit der vorbesprochenen
Ausführung zu vergleichen.

Kennzeichnend für die Schwingachse der Ringhoffer-Tatra-Werke
AG., Nesselsdorf (Bilder 101a und b), ist der getrennte Antrieb des

Bild 102. Rennwagen der Auto-Union.

linken und rechten Hinterrades durch je einen Spiralkegelradtrieb.
Die beiden Spiralkegelradritzel sitzen auf der Gelenkwelle. Sie
kämmern mit zwei einander gegenüberliegenden Tellerrädern. Beide

Bild 103. 6 Zyl.-Diesel-Lastwagen der Büssing NAG.. Braunschweig.

Getriebe haben natürlich das gleiche Übersetzungsverhältnis, aber
unterschiedliche Raddurchmesser, um eine Berührung des Ritzels des
einen Getriebes mit dem Tellerrad des anderen Getriebes zu vermeiden.

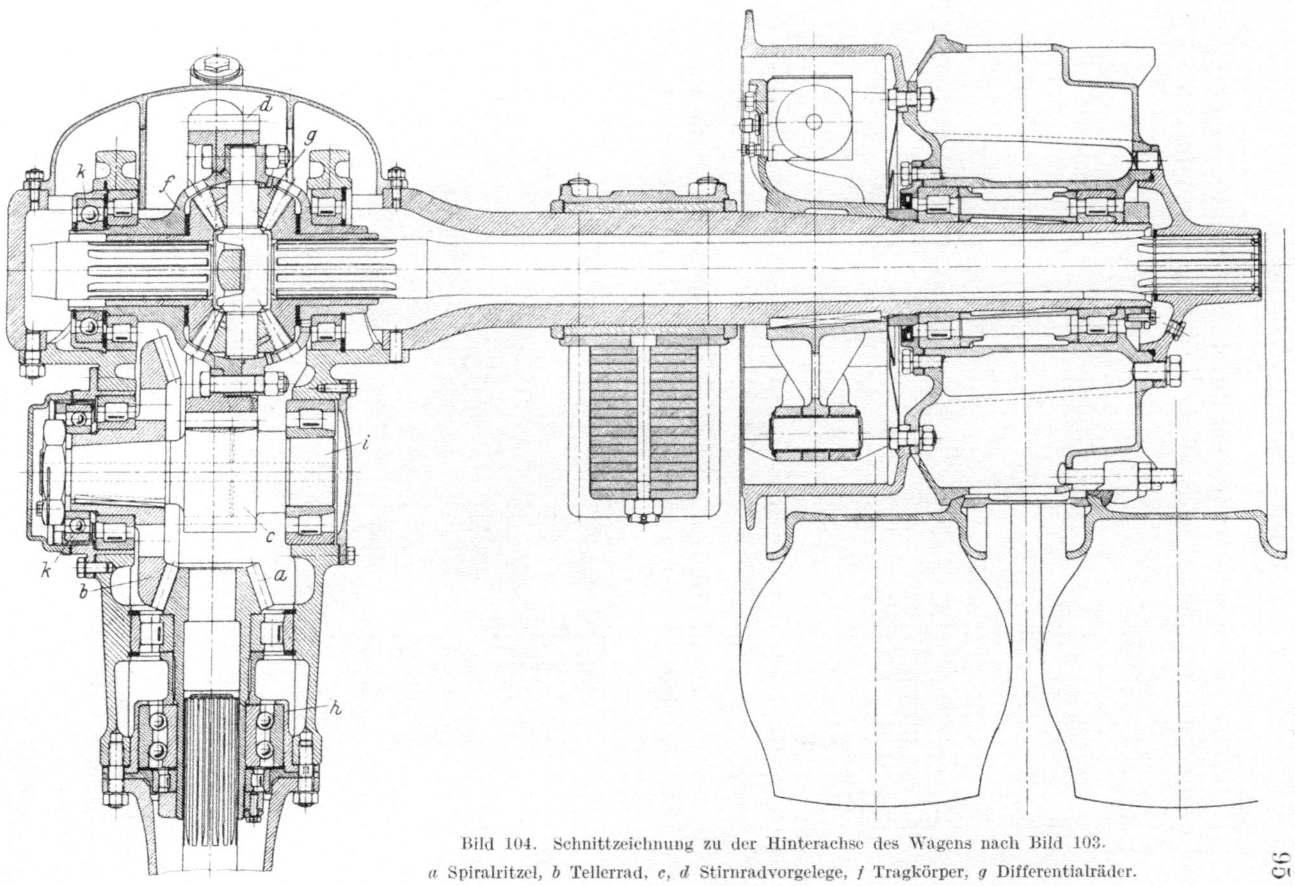

Bild 104. Schnittzeichnung zu der Hinterachse des Wagens nach Bild 103.

a Spiralritzel, *b* Tellerrad, *c, d* Stirnradvorgelege, *f* Tragkörper, *g* Differentialräder.

Die Achse schwingt um die Mitte der Ritzelachse. Bild 102 zeigt den mit Palloid-Spiralkegelrädern ausgerüsteten Rennwagen der Auto-Union.

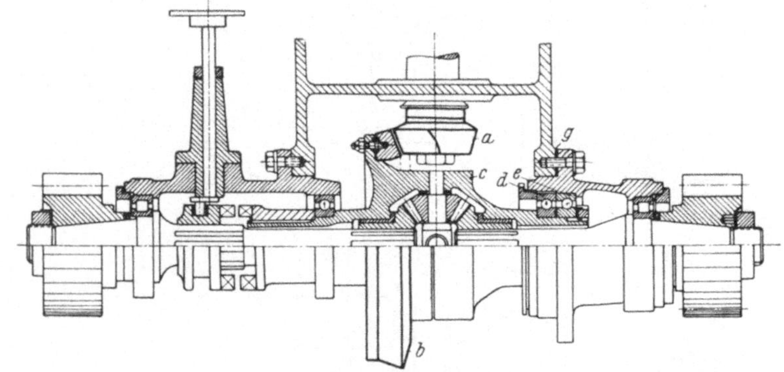

Bild 105. Spiralkegelradgetriebe zu der Motorstraßenwalze Bild 106 der Firma J. Kemna, Breslau.
a, b Spiralkegelräder, *c* Ausgleichgetriebe.

In dem Getriebe des Hinterachsantriebes eines schweren Lastwagens der Firma Büssing-NAG., Braunschweig (Bilder 103 und 104), geht der

Bild 106. Motorstraßenwalze der Firma J. Kemna, Breslau.

Antrieb von dem Spiralkegelritzel *a* auf das Tellerrad *b* und von diesem über ein Stirnradvorgelege *c, d* auf den Tragkörper *f* der Differential-räder *g*.

Bild 107. Motorstraßenwalze der Firma Carl Kaelble G. m. b. H., Backnang bei Stuttgart.

Bemerkenswert an dieser Lagerung ist zunächst die Verwendung eines doppelt wirkenden Schrägkugellagers h zur Aufnahme des Axialschubes am Ritzelschaft. Bei dieser Ausführung ist ein Verspannen der Lager nicht erforderlich, da sie bereits vorverspannt angeliefert werden.

Außerdem ist bei dieser Lagerung von Interesse, wie die Axialschübe der Vorgelegewelle i und des Tragkörpers f von besonderen Wälzlagern k aufgenommen werden.

Die folgenden Bilder zeigen einige Beispiele für den Einbau von Palloid-Spiralkegelrädern in Motorstraßenwalzen.

Bei der Motorstraßenwalze der Firma J. Kemna, Breslau (Bild 105 und 106), geht die Antriebsleistung vom Motor über eine Kupplung und ein Schaltgetriebe auf das von Spiralkegelrädern a, b angetriebene Ausgleichsgetriebe c. Hinsichtlich des Spiralkegelradgetriebes ist hier von Interesse, daß die axiale Festlegung des Getriebegehäuses im Gegensatz zu den oben besprochenen Aus-

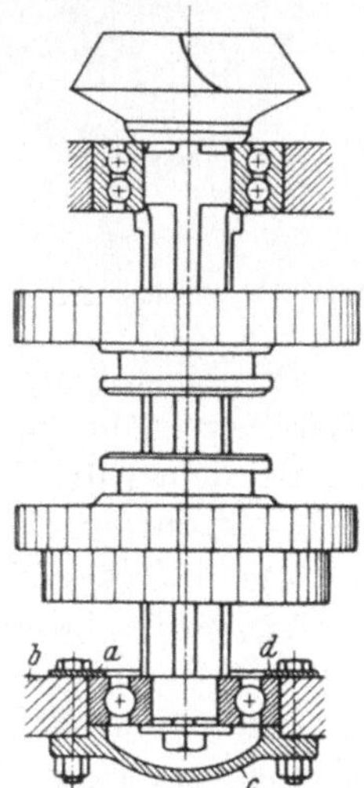

Bild 108. Ritzellagerung zu dem Getriebe der Walze nach Bild 107.

führungen nur an einer Stelle, nämlich durch die beiden Schulterlager d, e erfolgt. Das eine der Lager d ist radial entlastet, nimmt also nur Axialkräfte auf. Die Lager werden nicht durch Zwischenlegscheiben verspannt, sondern durch unterschiedlich hohe Innen- und Außenringe, so daß die gewünschte Verspannung beim Anziehen der Lagerdeckel ohne weiteres eintritt. Beim Einbau ist natürlich darauf zu achten, daß die Lager mit den richtigen Seiten aneinandergefügt werden.

Bild 109. Zugmaschine, gebaut von der Firma Karl Ritscher, G. m. b. H., Hamburg-Moorburg.

Die Einstellung der Lager mit Rücksicht auf den Zahneingriff der Spiralkegelräder geschieht mit Hilfe geeigneter Zwischenlegscheiben g.

Bei dem Ritzellager der Motorstraßenwalze nach Bild 107/108, ausgeführt von der Firma Carl Kaelble G. m. b. H., Backnang bei Stuttgart, ist auf die axiale Festlegung des Lagerkörpers a hinzuweisen. Die dort gewählte Lösung läßt auch für das axial feststehende Lager eine glatte Bohrung in der Gehäusewand b zu. Der Außenring des Lagers wird auf einfache Weise eingespannt zwischen die Stirnfläche des Lagerdeckels c und eine Scheibe d.

Die Verwendung von Palloid-Spiralkegelrädern in dem Getriebe einer Zugmaschine (Bild 109) der Firma Karl Ritscher, G. m. b. H.,

Hamburg-Moorburg, zeigt Bild 110. Entsprechend dem vielseitigen Verwendungszweck dieser Zugmaschine als Acker-, Hack- und Straßenschlepper hat auch das Spiralkegelradgetriebe einer wechselnden Beanspruchung standzuhalten.

Die Antriebsleistung wird vom Motor über eine Kupplung und ein Dreiganggetriebe auf das Spiralkegelradritzel a geleitet. Das Ritzel a treibt das auf einer Vorgelegewelle b sitzende Kegelrad c und über Differentialräder d die Stirnradritzel f, die in mit den Hinterrädern verbundene größere Stirnräder eingreifen. Das Vorgelege läuft in

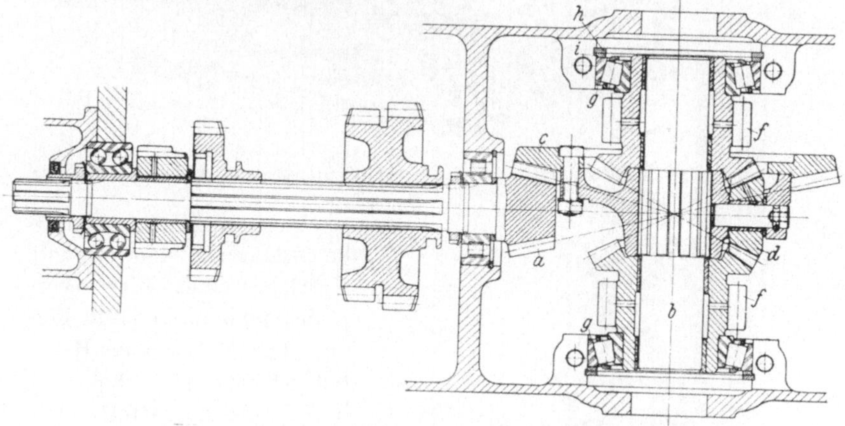

Bild 110. Kegelradantrieb der Zugmaschine nach Bild 109.
a Ritzel, b Vorgelegewelle, c Kegelrad, d Differentialräder, f Stirnradritzel.

Kegelrollenlagern g, die axial durch Einlegeringe h festgestellt sind. Zum Spielausgleich dienen Zwischenlegeringe i.

Die Verwendung von Palloid-Spiralkegelrädern in **Schienenfahrzeugen** wird im folgenden an Hand von drei Einbaubeispielen erläutert.

Bild 111 zeigt einen von der Firma Draisinenbau G. m. b. H., Hamburg, entwickelten dreisitzigen Inspektionswagen. Wie im allgemeinen bei Schienenfahrzeugen, werden auch bei dem Getriebe (Bild 112) dieses Wagens keine Differentialräder verwendet. Das über ein Schaltgetriebe angetriebene Spiralkegelritzel a greift in zwei Spiralkegelräder b, von denen das eine rechts herum und das andere links herum läuft. Wahlweise wird jeweilig eines dieser Räder mittels einer zwischen beiden liegenden Kupplung c mit der Vorgelegewelle verbunden. Von dieser Vorgelegewelle aus wird die Radachse angetrieben.

Bild 111. Dreisitziger Inspektionswagen, entwickelt von der Draisinenbau G. m. b. H., Hamburg.

Bild 112. Getriebe zu dem Wagen nach Bild 111.

Das mit Palloid-Spiralkegelrädern ausgerüstete Getriebe einer **Diesel-Verschiebelokomotive** (Bild 113) der Firma Klöckner-Humboldt-Deutz AG., Köln, ist in Bild 114 dargestellt. Der Antrieb geht vom Kegelritzel a aus auf die Kegelräder b, die entgegengesetzten Drehsinn haben und von denen das eine im Vorwärtsgang und das andere im Rückwärtsgang treibt. Die Kupplung für den Vorwärts- und Rückwärtsgang liegt bei c. Im einen Fall geht der Antrieb über das größere Stirnrad d und im anderen Falle über das kleinere Stirnrad f zu der Radachse g. Um die Antriebskraft allmählich zur Wirkung bringen zu können, sind in die Getriebezüge Lamellenkupplungen *h* eingebaut.

Bild 113. Diesel-Verschiebelokomotive der Firma Klöckner-Humboldt-Deutz AG., Köln.

Das dritte Beispiel eines Schienenfahrzeuges mit Palloid-Spiralkegelrädern betrifft einen **Straßenbahnwagen**, Bild 115. Die elektrische Aus-

Bild 114. Mit Palloid-Spiralkegelrädern ausgerüstetes Getriebe an der Lokomotive nach Bild 113.
a Kegelritzel, *b* Kegelräder für Vorwärts- und Rückwärtslauf, *c* Kupplung, *d*, *f* Stirnräder, *g* Radachse, *h* Lamellenkupplung.

rüstung dieses Wagens wurde von der Firma Brown, Boveri & Cie., AG., Werk Dortmund, und der Wagenteil von der Waggonfabrik Ürdingen

Bild 115. Straßenbahnwagen der Essener Straßenbahn.

hergestellt. Geliefert wurde das Fahrzeug an die Süddeutsche Eisenbahngesellschaft, Abt. Essener Straßenbahn. Ein Drehgestell dieses

Bild 116. Drehgestell zum Straßenbahnwagen Bild 115.

Wagens ist in Bild 116 dargestellt. Der Antriebsmotor liegt zwischen den beiden angetriebenen Radachsen a und b. Die Motorachse liegt rechtwinklig zu den Radachsen und steht mit diesen über Palloid-Spiralkegelräder im Eingriff. Die Gehäuse für die Kegelradgetriebe sind mit c bezeichnet.

14. Spiralkegelräder in Getrieben und Maschinen.

Als übliche Bauweise für normale Getriebe kann man heute das gußeiserne Gehäuse betrachten, das gegenüber der geschweißten Ausführung zwar ein höheres Gewicht hat, aber dafür größere Freiheit in

Bild 117. Spiralkegelradgetriebe, gebaut von der Firma Schüchtermann & Kremer-Baum A G., Dortmund.

der Gestaltung bietet und dank der größeren Werkstoffdämpfung des Gußeisens einen ruhigeren Lauf des Getriebes gewährleistet. Die Verwendung von serienmäßig hergestellten Getrieben macht Sonderkonstruktionen vielfach entbehrlich. Zahnrad- und Getriebebau-Werkstätten, die mit Palloid-Spiralkegelrädern ausgerüstete Getriebe dieser Art herstellen, sind in dem Namenverzeichnis der Seite 117 enthalten. Bild 117 zeigt ein von Schüchtermann & Kremer-Baum AG. für Aufbereitung, Dortmund, gebautes Getriebe dieser Art.

Bild 118 zeigt ein Kegelradgetriebe im Schnitt. Bezüglich der Ritzellagerung dieses Getriebes ist folgendes bemerkenswert:

Der Axialschub wird von dem hinteren Lager, dem zweireihigen Schräglager a aufgenommen. Diese Anordnung ist in dem vorliegenden Falle günstiger als eine Axialschubaufnahme durch das vordere Lager b,

weil die Radialbelastung das hintere Lager weniger beansprucht als
das vordere Lager. Eine derartige Maßnahme ist freilich nicht zu
empfehlen, wenn die Lager-
abstände größer sind als in
Bild 118 dargestellt. Dann würden sich Temperaturunterschiede,
möglicherweise auch schon die
Druckbeanspruchung des im Verhältnis zum Durchmesser langen
Ritzelschaftes, ungünstig aus-
wirken.

Das nur radial belastete
Lager b könnte auch als Zylinderrollenlager ausgebildet sein.

Bei Kegelradgetrieben im
Werkzeugmaschinenbau kommt
es vor allem auf Gleichförmig-
keit in der Winkelübertragung
an, so z. B. in den mit Palloid-
rädern ausgerüsteten Pittler-
Mehrspindelautomaten, den Fräsmaschinen von Biernatzki, den
Wanderer-Planfräsmaschinen
und den Schieß-Defries-Karussell-
drehbänken.

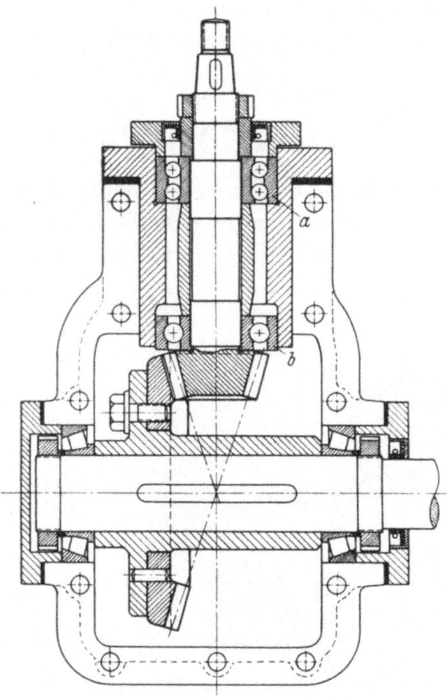

Bild 118. Schnittzeichnung eines Kegelradgetriebes.

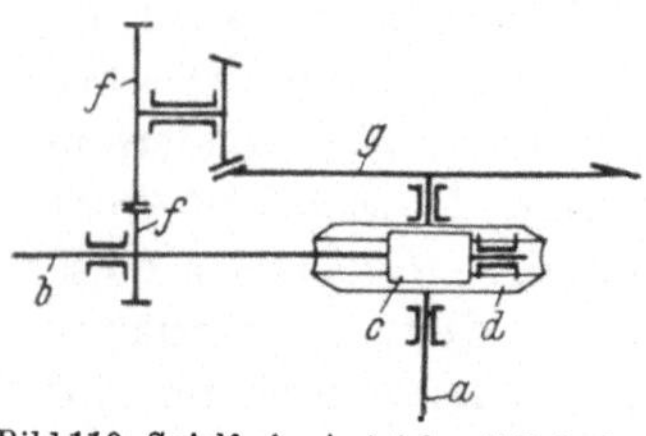

Bild 119. Spielfreier Antrieb mit Spiralkegelrädern in einer Fräsmaschine.

a Fräserachse, b antreibende Achse.
c, d Schneckengetriebe, f Binderäder,
g Palloid-Spiralkegelräder.

Oft müssen Getriebe im Werk-
zeugbau auch vollkommen spielfrei laufen.
Eine Lösung dieser Aufgaben, die sich
praktisch gut bewährt hat, ist in Bild 119
wiedergegeben. a ist die Fräserachse, die
spielfrei angetrieben werden soll. Die
Antriebsleistung wird von der Welle b
über Schnecke c und Schneckenrad d auf
die Fräserachse übertragen. Abgezweigt
von dieser Antriebsleitung ist ein zweiter
Getriebezug, der ebenfalls, von der Welle b
ausgehend, über die Binderäder f und Palloid-Spiralkegelräder g zur
Fräserachse a geht. Schneckenrad und Kegelrad sind gegeneinander

verspannt, und zwar derart, daß bei dem einen Rad die Rechtsflanken und bei dem anderen Rad die Linksflanken anliegen. Dadurch wird ein spielfreier, ein Rattern des Werkzeuges vermeidender Lauf der Fräserwelle gewährleistet. Man kann zum Verspannen auch zwei Schneckengetriebe verwenden. Die vorliegende Lösung bietet aber den Vorteil eines günstigeren Wirkungsgrades. Bei der Konstruktion eines solchen Getriebes ist freilich zu berücksichtigen, daß an den Rädern größere Zahndrücke auftreten als unter alleiniger Berücksichtigung der zugeführten Leistung zu erwarten ist. Näheres über diese Zusammenhänge ist dem Aufsatz „Leistungsverzweigung und Scheinleistung in Getrieben" von Dipl.-Ing. H. Frhr. v. Thünigen, Z. VDI Bd. 83 (1939) S. 730, zu entnehmen.

In vielen Fällen besteht die Möglichkeit, die Getriebezüge im Innern der Maschine anzuordnen. Zwei Beispiele aus dem **Druckereimaschinenbau** zeigen, wie außerhalb der Maschine liegende Getriebezüge vorbildlich gelagert und gekapselt werden. Bild 120 zeigt einen Ausschnitt aus einer Rotationspresse der Schnellpressenfabrik Frankenthal Albert & Cie., G. m. b. H., Frankenthal, Pfalz,

Bild 120. Ausschnitt aus einer Rotationspresse der Schnellpressenfabrik Frankenthal Albert & Cie., G. m. b. H., Frankenthal, Pfalz.

und Bild 121 einen Teil der Antriebsseite einer 32seitigen Schnellläufer-Zeitungsrotationsmaschine, gebaut von der Maschinenfabrik Augsburg-Nürnberg AG., Werk Nürnberg. Die Palloid-Spiralkegelräder sind in den Gehäusen a untergebracht, während die die Kegelradgetriebe verbindenden Wellen in Rohre b eingekapselt sind. Durch glasverkleidete Schaulöcher *c* kann der Ölumlauf in den Getriebegehäusen von außen überwacht werden.

Die Lagerung der Getriebe selbst läßt die Schnittzeichnung Bild 122 erkennen. Auch in dieser Zeichnung sind die Getriebegehäuse mit *a*, die die Wellen einschließenden Rohre mit *b* und die Schaulöcher mit *c*

Bild 121. Antriebsseite einer 32seitigen Schnelläufer-Zeitungsrotationsmaschine, gebaut von der Maschinenfabrik Augsburg-Nürnberg AG., Werk Nürnberg.

bezeichnet. Der Axialdruck der Kegelräder wird von je zwei gegeneinander verspannten Kegelrollenlagern *d* aufgenommen. Bemerkenswert ist die Anordnung dieser Lager in besonderen Flanschlagern *f*, die durch Verwendung geeigneter Unterlegscheiben ein schnelles und genaues Einstellen der Kegelräder auf richtige Zahnablage zulassen.

Im allgemeinen laufen die Wellen von Palloid-Spiralkegelrädern in Wälzlagern. Daß aber auch Gleitlager bei geeigneter Gestaltung den

gestellten Anforderungen
genügen können, zeigen
die drei folgenden Bei-
spiele, die mit Absicht
aus grundsätzlich vonein-
ander verschiedenen Ge-
bieten entnommen sind.
Auf einem Gebiet, dem
Turbinenbau, kommt es
auf die Übertragung gro-
ßer Kräfte, auf dem zwei-
ten Gebiet, der feinmechanischen Industrie, bei
kleinen Kräften auf hohe
Drehzahlen und auf dem
dritten Gebiet, dem des
Mühlenbaues, auf an-
spruchslose und geringe
Wartung an.

Die bei **Turbinen** mit
stehender Welle früher
üblichen Holz-Eisenver-
zahnten Kegelräder sind
in neuerer Zeit vollstän-
dig durch Hochleistungs-
Zahnradgetriebe ver-
drängt worden. Ein
solches Hochleistungs-
getriebe, gebaut von der
Firma J. M. Voith, Ma-
schinenfabrik und Gieße-
rei, St. Pölten, Nieder-
donau, und Heidenheim
(Brenz), Württ., ist in
Bild **123** dargestellt.

Das Übersetzungsver-
hältnis der Palloid-Spiralkegelräder dieser Getriebe

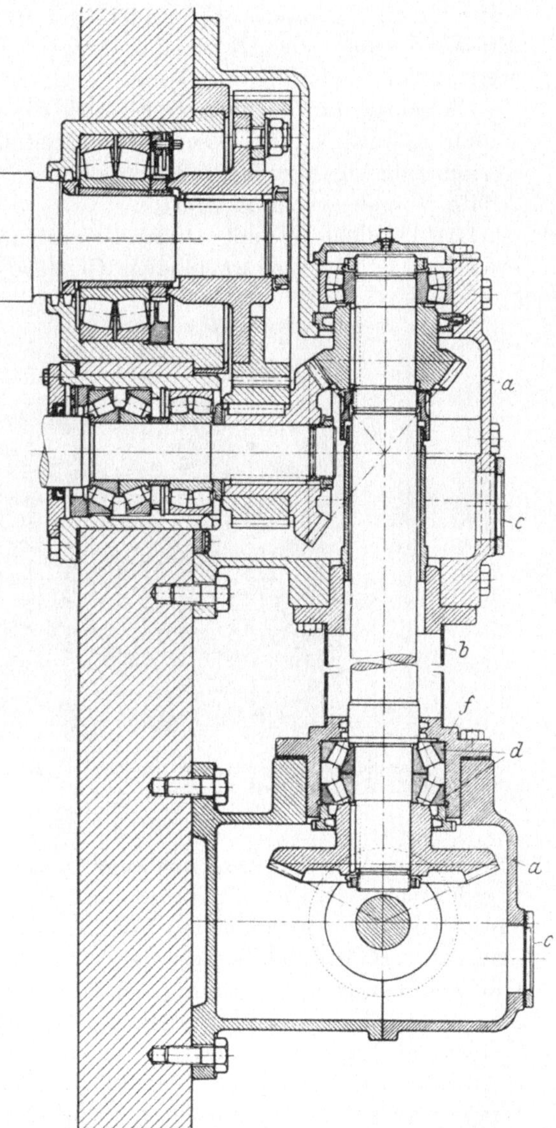

Bild 122. Lagerzeichnung eines Getriebes zu der Maschine
nach Bild 121.

wird bis 1 : 5 gewählt. Die Räder sind aus legiertem Sonderstahl für Einsatzhärtung oder Nitrierung hergestellt. Die gehärteten Räder werden vor dem Einbau geläppt.

Die senkrechte Turbinenwelle, sowie die waagerechte Vorgelegewelle laufen in reichlich bemessenen Weißmetallschalen mit erstklassigem Weißmetallausguß und Preßölschmierung; ebenso ist auch die senkrechte Vorgelegewelle gelagert.

Das Getriebe ist mit Drucköschmierung ausgestattet. Die dazu erforderliche Ölmenge ist in dem Gehäuse selbst untergebracht. Die

Bild 123. Hochleistungs-Zahnradgetriebe für Turbinen, gebaut von der Firma J. M. Voith, Maschinenfabrik und Gießerei, St. Pölten, Niederdonau und Heidenheim (Brenz), Württ.
Übersetzung der Spiralkegelräder bis 1 : 5.

Schmiereinrichtung besteht aus einer außenliegenden, an das Gehäuse angeflanschten Zahnradölpumpe, die ihren Antrieb innerhalb des Gehäuses von der raschlaufenden Vorgelegewelle durch ein kleines Stirnräderpaar erhält. Bei Belastungen tritt trotz der geringen Reibungszahl eine Temperaturerhöhung des Öles auf. Das thermische Gleichgewicht kann in manchen Fällen durch Wärmeausstrahlung nicht erzielt werden, so daß es nötig ist, in die Turbinenkammer eine Kühlschlange einzubauen, dergestalt, daß diese im Ölkreislauf liegt und die Temperatur auf der gewünschten Höhe hält.

Das Beispiel aus der feinmechanischen Industrie betrifft eine **Nähmaschine** der Firma Phoenix Nähmaschinen AG. Baer & Rempel, Bielefeld, Bild 124 mit der Schnittzeichnung Bild 125. Um die von einem Ölgehäuse *a* eingeschlossenen Palloid-Spiralkegelräder *b* beim Einbau

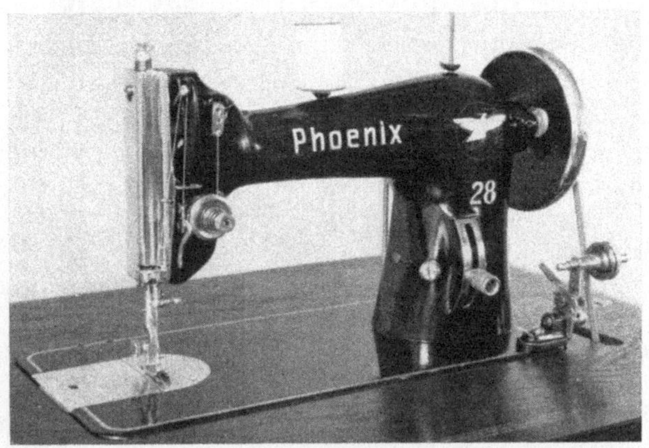

Bild 124. Nähmaschine der Phoenix-Nähmaschinen AG., Baer & Rempel, Bielefeld.

leicht auf richtige Zahnanlage einstellen zu können, ist eine axial leicht verstellbare Lagerbuchse *c* vorgesehen. Zum Feststellen dieser Buchse dient die Madenschraube *d*.

Das dritte Beispiel dieser Reihe befaßt sich mit einem von der Firma A. Wetzig, Eisengießerei, Maschinenfabrik und Mühlenbauanstalt, Wittenberg-Lutherstadt, gebauten **Freischwingergetriebe** (DRGM.), wie es in den Bildern 126 bis 129 dargestellt ist. Diese Freischwingergetriebe ersetzen Exzenter od. dgl. zum Antrieb von Flachsieben. Von einer Vorgelegewelle *a* aus wird mittels Riemens *b* ein an der Stirnseite des hin und her zu bewegenden Flachsiebes *c* gelagerter Drehkörper *d* angetrieben.

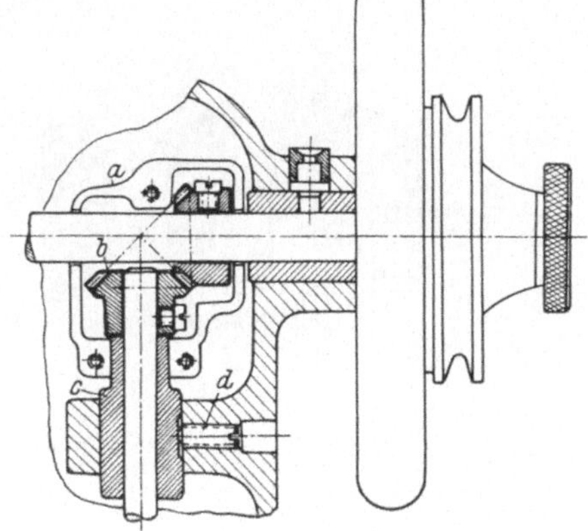

Bild 125. Schnittzeichnung zu den Kegelradgetrieben der Nähmaschine nach Bild 124.

Der Schwerpunkt dieses Drehkörpers liegt außerhalb der Drehachse, so daß eine Fliehkraft *g* auftritt. Über ein Planetengetriebe wird von dem ersten Drehkörper ein zweiter Drehkörper mit einseitigem

Schwerpunkt in entgegengesetzter Richtung angetrieben. Die beiden Schwungmassen g, h dieser Drehkörper stehen sich bei jeder Drehung zweimal gegenüber (Bild 127), dann heben sich die Fliehkräfte auf, und zweimal fallen sie zusammen, dann üben sie eine Zugkraft (Bild 128)

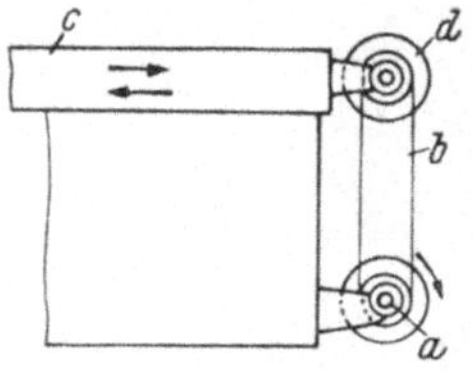

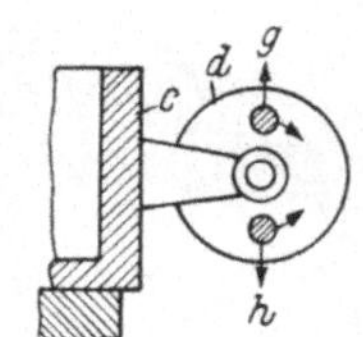

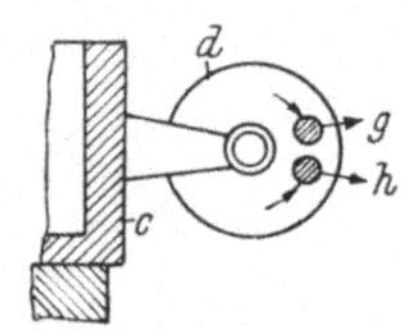

Bild 126.   Seitenansicht eines Flachsiebes mit Freischwingergetriebe.
a Vorgelegewelle, b Riementrieb, c Flachsieb, d Drehkörper.

Bild 127. Stellung des Freischwingergetriebes, in der die Fliehkraft unwirksam ist.

Bild 128. Stellung des Freischwingergetriebes, in der die Fliehkraft das Flachsieb nach rechts ausschwingt.

oder eine Schubkraft (entgegengesetzte Stellung) auf das Flachsieb aus und versetzen dieses in Schwingungen.

Die konstruktive Gestaltung des Freischwingergetriebes ist aus Bild 129 ohne weiteres zu erkennen. Der gegenläufige Antrieb der beiden Drehkörper wird durch drei Palloid-Spiralkegelräder bewirkt.

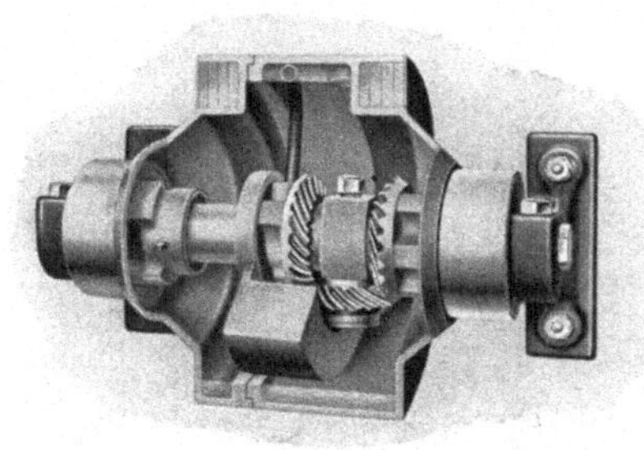

Bild 129.   Schaubildliche Ansicht des Freischwingergetriebes, gebaut von der Firma A. Wetzig, Eisengießerei, Maschinenfabrik und Mühlenbauanstalt. Wittenberg.

Sie laufen auf Gleitlagern und werden reichlich durch ein Zentrifugalschmiersystem geschmiert, welches von einem Schöpfrohr aus das Öl im Kreislauf allen Schmierstellen zuführt.

Eine andere Art der axialen Festlegung der Spiralkegelräder hat man in der von der Firma Maschinenfabrik Fr. Niepmann & Co., Gevelsberg i. Westf., gebauten **doppelbahnigen Zigaretten-Packmaschine** gewählt. Wie die Teilansicht (Bild 130) dieser Maschine erkennen läßt, weisen die Spiralkegelräder a in ihren den Kegelspitzen zugekehrten Stirnseiten Klemmbacken b auf, die durch Spannschrauben angezogen, ein Verschieben der Räder auf ihren Wellen verhindern. Gegen Drehung sind die Räder durch Keile gesichert. Eine axiale Sicherung durch derartige Klemmbacken ist natürlich nur unbedenklich, wenn die Räder so kräftig gestaltet sind, daß ein Anziehen der Klemmbacken keine Formveränderungen der Zahnkränze zur Folge hat.

Das folgende Beispiel, ein von der Firma Otto Suhner AG., Brugg, Schweiz, gebauter **Bohrapparat** (Bilder 131 und 132) soll veranschaulichen, wie im Bedarfsfall die Lagerentfernungen ohne schädliche Rückwirkungen kleiner gewählt werden können als es die auf Seite 82 angegebene Regel vorschreibt.

Die Querlager a und b der Bohrspindel c, die zugleich auch die Welle des Tellerrades d bildet, liegen verhältnismäßig nahe zusammen. Sie würden allein ein Abbiegen des Tellerrades kaum zu verhindern vermögen, wenn der Axialschub nicht von einem großen,

Bild 130. Spiralkegelräder in der doppelbahnigen Zigaretten-Packmaschine der Maschinenfabrik Fr. Niepmann & Co., Gevelsberg i. Westf.

das obere Querlager umschließenden Längslager f aufgenommen würde. Dieses Lager ist in erster Linie dazu bestimmt, die beim Bohren auftretenden axialen Kräfte aufzunehmen. Daneben fangen sie auch die axialen Drücke des Tellerrades auf, sofern diese nicht ausgeglichen werden durch den entgegengesetzt wirkenden Arbeitsdruck.

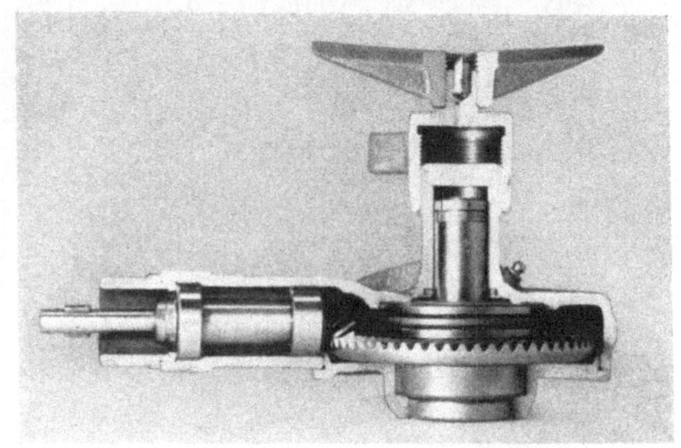

Bild 131. Bohrapparat, gebaut von der Firma Otto Suhner AG., Brugg, Schweiz.

Ist aus baulichen oder bedienungstechnischen Gründen eine gedrängte Anordnung der Lagerstellen nicht erforderlich, so wird man

im allgemeinen die Lagerabstände nach den auf Seite 82 angegebenen
Regeln wählen. Ein Beispiel dafür ist die Lagerzeichnung Bild 134 zu
der **Benzin-Motorsäge** der Firma Dolmar Maschinenfabrik, Altona-

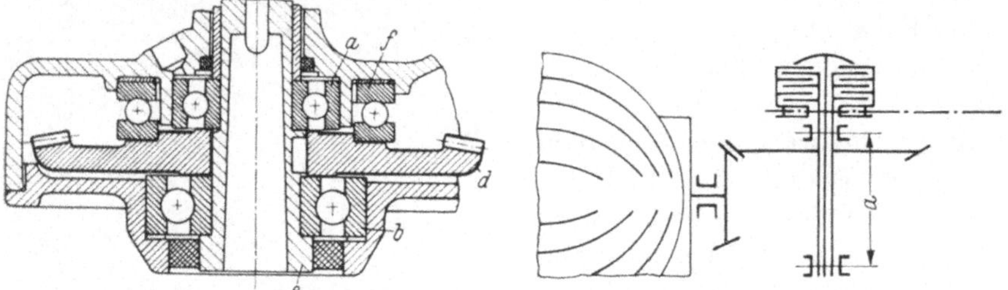

Bild 132. Schnittzeichnung zu den Kegelrädern   Bild 133.   Lagerabstand bei der Motorsäge
    des Bohrapparates nach Bild 131.   nach Bild 134.

Bahrenfeld (Bild 133). Der Lagerabstand a beträgt etwa das 0,8fache
des Tellerraddurchmessers.

Es ist schon darauf hingewiesen, wie wichtig geeignete konstruktive
Maßnahmen zum genauen und doch leichten Einstellen der Spiralkegel-

Bild 134. Benzin-Motorsäge der Firma Dolmar Maschinenfabrik, Altona-Bahrenfeld.

räder auf richtige Zahnanlage sind. Ein Beispiel dafür, wie diese Forderung auch dann mustergültig erfüllt werden kann, wenn die Kegelräder in der Mitte der Maschine liegen, zeigt Bild 135.

Dieses Bild ist eine Teilansicht der von der Firma Zerkleinerungs-
Maschinen Ingenieur Karl Behnsen & Co., Groß-Auheim bei Hanau,

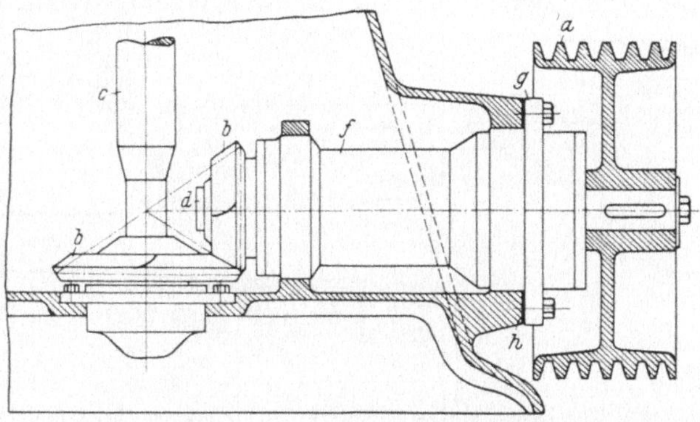

Bild 135. Teilansicht einer Zerkleinerungsmühle (Unimax-Mühle), gebaut von der Firma Ingenieur
Karl Behnsen & Co., Groß-Auheim bei Hanau.

Bild 136. Portalkran der Firma J. Pohlig AG., Köln-Zollstock.

gebauten **Unimax-Mühle**. Die Mühle dient zum trockenen oder nassen
Vermahlen und Zerfasern von weichen, zähen und elastischen Stoffen.
Die Mühle wird über die Keilriemenscheibe a durch die in einem Ölbad

laufenden und aus im Einsatz gehärteter Palloid-Spiralkegelräder *b* angetrieben. Die senkrechte Welle *c* dreht eine nicht mit dargestellte Mahlscheibe. Die Lagerstellen für die waagerechte Welle *d* sind zu

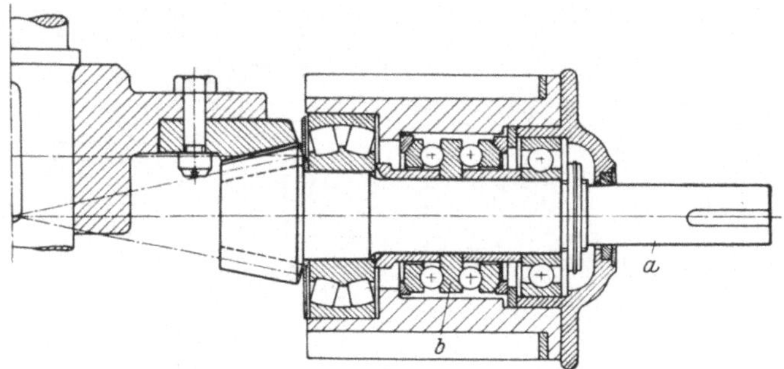

Bild 137. Ritzellagerung zum Windwerk des Portalkranes nach Bild 136.

einer Getriebeeinheit in dem Drehkörper *f* zusammengeschlossen. Diese Einheit kann vollständig zusammengebaut eingesetzt und mittels des Flansches *g* mit dem Maschinengehäuse verschraubt werden. Durch den Einbau geeigneter Zwischenlegscheiben *h* zwischen Flansch und

Bild 138. Flugzeugübernahmekran auf dem Motorschiff „Friesenland", gebaut von der Firma Kampnagel Aktiengesellschaft, Hamburg 39. (Veröffentlicht mit Erlaubnis der Deutschen Lufthansa.)

Gehäuse wird, falls erforderlich, die Art der Zahnanlage der Spiralkegelräder leicht beherrscht.

Die beiden letzten Beispiele dieser Reihe beziehen sich auf die Windwerke zweier **Auslegerkrane.** Bild 137 stellt einen Schnitt durch die Ritzellagerung des Windwerkes eines von der Firma J. Pohlig AG., Köln-Zollstock, gebauten **Portalkranes** (Bild 136) dar. Der Schaft a des Ritzels ist mit einem Elektromotor gekuppelt. Bemerkenswert an dieser Lagerung ist die Verwendung von Längslagern b zur Aufnahme des Axialschubes. Bei den vorher besprochenen Beispielen werden, von einigen Ausnahmen abgesehen, die Axialschübe von Querlagern aufgenommen. In dem vorliegenden Falle sind Längslager vorzuziehen, weil bei den hier vorkommenden Drehzahlen ein Abdrängen aus den Wälzbahnen der unter der Wirkung der Zentrifugalkraft stehenden Kugeln auch bei Längslagern nicht zu befürchten ist.

Bemerkenswert an der Ritzellagerung des Windwerkes zu dem Flugzeugübernahmekran auf dem Motorschiff „Friesenland", Bild 138, gebaut von der Firma Kampnagel Aktiengesellschaft, Hamburg 39, ist die Art der Lagerabdichtung. Neben der üblichen schleifenden Dichtung a in Bild 139, — es könnte hier auch ein Simmerring ver-

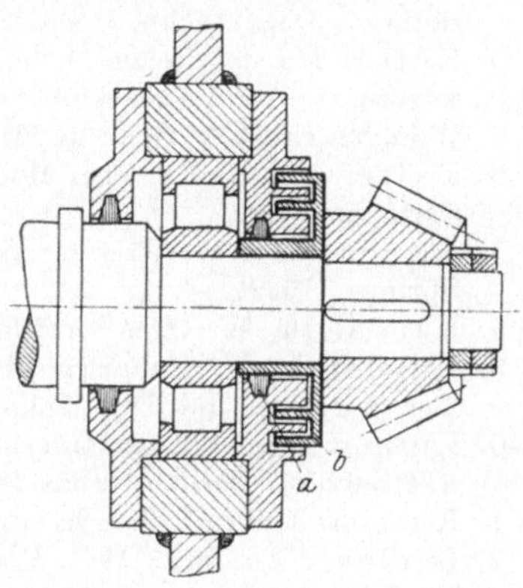

Bild 139. Lagerdichtung im Windwerk des Flugzeugübernahmekranes nach Bild 138.

wendet werden, — wird eine Labyrinthdichtung b verwendet. Bei der Montage wird der Labyrinthspalt mit Fett gefüllt, so daß Schmutz in der Dichtung aufgehalten wird. Bei besonders starker Staubentwicklung oder einem Überfluten von Wasser kann die Wirkung derartiger Labyrinthdichtungen dadurch erhöht werden, daß von Zeit zu Zeit neues Fett eingepreßt wird.

Schrifttum.

I. Normen.

1. DINorm 868: „Zahnräder." Begriffe, Bezeichnungen, Kurzzeichen.
2. DINorm 869, Blatt 1 und 2: „Zahnräder." Richtlinien für die Bestellung.
3. DINorm 870: „Zahnräder." Profilverschiebung bei Evolventenverzahnung.
4. DINorm 7165: DIN- und ISA-Passungen.
5. Merkblatt „Stirnradfehler". Herausgegeben von der Fachgruppe Werkzeugmaschinen (Ausschuß für Verzahnmaschinen).
6. Werksnormen der Firma Klingelnberg: Vornorm 1 bis 3.

II. Bücher.

1. Ausschuß für wirtschaftliche Fertigung: „Das AWF-Härtebuch." Berlin 1939.
2. **Berndt**, Prof. Dr. G.: Grundlagen für die Messung von Stirnrädern mit gerader Evolventenverzahnung. Berlin: Julius Springer 1938.
3. **Buckingham-Olah**: Stirnräder mit geraden Zähnen. Berlin: Julius Springer 1932.
4. **Bürger**, Dr.: Beiträge zur Messung von Stirnrädern mit geraden Evolventenzähnen. Diss. Techn. Hochschule Dresden 1935.
5. **Hütte**: Hilfstafeln zur Ermittlung geeigneter Zähnezahlen für Räderübersetzungen. Herausgegeben vom Akademischen Verein Hütte E. V. Berlin: Wilhelm Ernst & Sohn 1922.
6. **Judtmann**, Dr. Otto: Motorzugförderung auf Schienen. Wien: Julius Springer 1939.
7. **Jürgensmeyer**, Wilhelm: Gestaltung von Wälzlagerungen. Berlin: Julius Springer 1939.
8. **Kamm**, Dr. W.: Das Kraftfahrzeug. Berlin: Julius Springer 1936.
9. **Klingelnberg**, Technisches Hilfsbuch. Herausgegeben von Baurat Dipl.-Ing. Ernst Preger und Dipl.-Ing. Rudolf Reindl. Berlin: Julius Springer 1939.
10. **Knappe**, G.: Wechselräderberechnung für Drehbänke. Heft 4 der Werkstattbücher. Berlin: Julius Springer 1939.
11. **Kutzbach**, Prof. Dr.: Zahnrädererzeugung. Berlin: VDI-Verlag 1925.
12. **Lindner**, Dr.-Ing. W.: Fräsmaschinen, Schleifmaschinen und Zahnradbearbeitungsmaschinen. Vierter Band aus: Spangebende Formung der Metalle in Maschinenfabriken durch Werkzeuge und Werkzeugmaschinen von Baurat Dipl.-Ing. Preger. Leipzig: Dr. Max Jänecke 1939.
13. **Schiebel**, Prof. Dr. A.: Zahnräder. Aus: Einzelkonstruktion aus dem Maschinenbau. Herausgegeben von Prof. Dipl.-Ing. C. Volk. Berlin: Julius Springer 1930/1934.
14. **Schlesinger**, Prof. Dr.-Ing. G.: Die Werkzeugmaschinen. Berlin: Julius Springer 1936.
15. **Simon**, E.: Härten und Vergüten. Heft 7 und 8 der Werkstattbücher. Berlin: Julius Springer 1923.
16. **Trier**, Prof. Dipl.-Ing.: Die Zahnformen der Zahnräder. Heft 47 der Werkstattbücher. Berlin: Julius Springer 1939.

III. Aufsätze.

1. **Altmann**, Dr. Fritz G.: Fortschritte auf dem Gebiete der Schneckengetriebe. Z. VDI Bd. 83 (1938) S. 1245.
2. **Bock**, Obering. R.: Fehlerprüfung bei Zahnrädern. Z. VDI Bd. 81 (1937) S. 267.
3. **Bock**, Obering. R.: Zahnrad-Bearbeitungsmaschinen. Z. VDI Bd. 81 (1937) S. 341.
4. **Besprechung**: Verbindung von Wellen durch Zahnung. Z. VDI Bd. 83 (1939) S. 912.
5. **Diehle**, Reichsbahnrat Dipl.-Ing. F.: Dreiachs-Straßenzugwagen der Deutschen Reichsbahn. Z. VDI Bd. 83 (1939) S. 504.

6. **Hofer, Ing. H.**: Laufruhe von Zahnrädern und ihre Abhängigkeit von Genauigkeit und Art der Verzahnung. Werkstattstechnik Bd. 29 (1935) S. 92.
7. **Hofer, Ing. H.**: Einfluß des Zusammenbaues auf den Lärm der Zahnradgetriebe. Masch.-Bau Betrieb Bd. 14 (1935) S. 433.
8. **Jackowsky, Dr.**: Spiralkegelräder. Eigenschaften, Lagerung, Anwendung. Palloid-Verzahnung. Masch.-Bau Betrieb Bd. 16 (1937) S. 189.
9. **Königer, Dr.**: Kegelräder mit nicht geraden Zähnen. Werkstattstechnik Bd. 29 (1935) S. 173 u. 404.
10. **Krumme, Walter**: Das Abwälz-Schraubfräsverfahren zur Herstellung von Klingelnberg-Palloid-Spiralkegelrädern. Werkstattstechnik Bd. 32 (1938) S. 213.
11. **Krumme, Walter**: Grundlagen der geometrischen Berechnung von Palloid-Spiralkegelrädern. Z. VDI Bd. 82 (1938) S. 347.
12. **Krumme, Walter**: Selbsttätiges Steigern der Fräserdrehzahl an Abwälz-Fräsmaschinen für Palloid-Spiralkegelräder. Masch.-Bau Betrieb Bd. 17 (1938) S. 348.
13. **Krumme, Walter**: Ein Beitrag zur Ausbildung der Lager für Spiralkegelräder. Werkzeugmaschine Bd. 43 (1939) Heft 13.
14. **Krumme, Walter**: Kegelradschraubgetriebe im Kraftwagenbau und ihre Herstellung auf Klingelnberg-Wälzfräsmaschinen. Werkstattstechnik Bd. 34 (1940) S. 37.
15. **Lehr, Dr. Ernst**: Dauerhaltbarkeit von Ritzelwellen. Z. VDI Bd. 81 (1937) S. 117.
16. **Leunig, G.**: Gestaltungsmerkmale neuzeitlicher Personenkraftwagen. Z. VDI Bd. 80 (1936) S. 1184.
17. **Lindner, Dr.**: Die Entwicklung in der Erzeugung von Spiralkegelrädern mittels Abwälzfräsern. Werkstattstechnik Bd. 30 (1936) S. 361.
18. **Pohl, Dipl.-Ing. Fritz**: Verfahren und Maschinen zum Läppen der Zahnräder. Werkstattstechnik Bd. 29 (1935) S. 333.
19. **Preuß, Dipl.-Ing. M.**: Gestaltungsmerkmale neuzeitlicher Großraum-Kraftwagen. Z. VDI Bd. 81 (1937) S. 170.
20. **Philipps, Dipl.-Ing. Oberstleutn. W.**: Deutscher Maschinengewehr-Panzerwagen. Z. VDI Bd. 81 (1937) S. 503.
21. **Schmitthenner, Dr.-Ing. C.**: Wasserturbinen mit neuzeitlichen Zahnradvorgelegen. Z. VDI Bd. 81 (1937) S. 147.
22. **Soden, Graf A.**: Das Zahnrad als Lärmquelle. Z. VDI Bd. 77 (1933) S. 231.
23. **Wallichs, Prof. A., u. Dipl.-Ing. Blaise**: Die wirtschaftliche Kegelradbearbeitung im fortlaufenden Abwälz-Schraubfräsverfahren. Z. VDI Bd. 71 (1927) S. 255.
24. **Wolf, O.**: Konstruktive Entwicklung der Getriebetechnik unter besonderer Berücksichtigung der Anwendung hochwertiger Werkstoffe. Z. VDI Bd. 80 (1936) S. 1093.

Verzeichnis der im Text genannten Firmen.